교실 밖에서 배우는 과학상식

우주와 지구 이야기

교실 밖에서 배우는 과학상식

우주와 지구 이야기

지은이 윤 실 (이학박사)

전파과학사

교실 밖에서 배우는 과학상식

우주와 지구 이야기

찍은 날 : 2007년 12월 1일

펴낸 날 : 2007년 12월 5일

지은이 : 윤 실

펴낸이 : 손영일

펴낸 곳 : 전파과학사

출판등록 : 1956. 7. 23 (제10-89호)

주소 : 120-824 서울 서대문구 연희2동 92-18

전화 : 02-333-8855 / 333-8877

팩스 : 02-333-8092

홈페이지 : www.s-wave.co.kr

전자우편 : chonpa2@hanmail.net

ISBN : 978-89-7044-261-7 43400

머리말

우리나라에도 우주비행사가 탄생하면서, 더 많은 청소년들이 우주에 대한 꿈을 키워가게 되었습니다. 무한한 우주에는 헤아릴 수 없이 많은 천체가 있습니다. 지구는 수천억 개의 천체 가운데 아주 작은 존재이지만, 수백만 종의 생물과 인간이 사는 놀라운 세계입니다. 그렇지만 대부분의 사람들은 자신이 주인으로 살아가는 우주와 지구에 대해 잘 알지 못한 채 살아갑니다.

인간은 언제나 미지의 세계를 탐험하기 좋아합니다. 역사상 탐험가는 모두 과학자이기도 합니다. 그들은 고산, 빙하, 사막, 아마존의 정글, 신대륙, 남북극, 깊은 바다, 우주 공간 어디를 가든 새로운 과학적 사실을 찾아내는 것이 탐험의 목적이었으니까요.

지구 바깥 우주는 인간이 탐험할 수 없는 세계라고 오래도록 믿어왔습니다. 그러나 20세기에 들면서 그 생각은 바뀌기 시작했고, 20세기가 끝날 무렵에는 이미 달을 정복하고, 21세기에는 태양계의 끝까지 탐사선을 보내 조사할 수 있게 되었으며, 장래에는 화성에도 사람이 가서 살고, 보다 먼 우주에도 탐험대를 보낼 것이라고 믿게 되었습니다.

청소년들에게 가장 신비롭고 원대한 꿈을 갖게 하는 것은 우주입니다. 오늘날 우주 탐사선은 달과 행성만 아니라 혜성에까지 접근하여 조사하고 있습니다. 우주공간에 설치한 우주실험실에서는 무중력 환경에서 일어나는 현상을 연구하고, 우주천문대에서는 지구상에서보다 수십 배 정밀하게 천체를 관측합니다. 탐험가 정신을 가진 과학자들의 그러한 노력으로 우리는 우주에 대한 새로운 사실을 차근차근 알게 되었습니다.

뛰어난 컴퓨터와 통신기술이 오늘처럼 발전할 수 있었던 것은, 우주개발을 위한 그 동안의 연구가 가장 큰 힘이 되었다는 것을 사람들은 잊어버리고 지내는 듯 합니다. 우주선에서는 작으면서 성능이 좋은 컴퓨터가 필요했으며, 먼 우주로 나간 우주선을 조종하고 정보를 송수신하기 위해서는 첨단의 통신기술이 개발되어야 했습니다.

청소년들은 공상과학영화라든가 우주전쟁 등의 전자게임을 좋아합니다. 만일 독자들이 우주와 지구에 대해 많은 지식을 가진다면, 더욱 즐겁게 영화를 감상하고 게임을 즐기게 될 것입니다. 이 책을 통해 미지의 우주와 지구를 한층 깊이 이해하게 된다면, 여러분은 미래의 세계를 앞서 가는 훌륭한 과학 탐험가로 성장할 것입니다.

지은이 윤 실

차 례

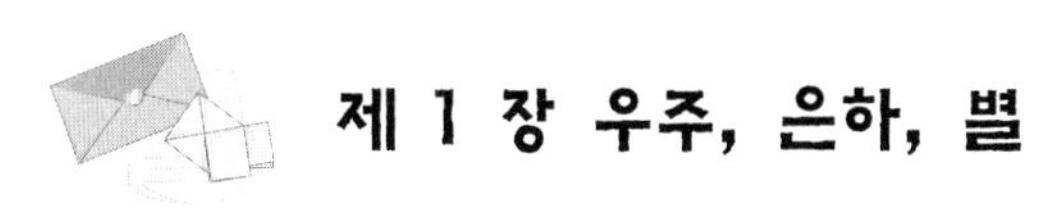

제 1 장 우주, 은하, 별

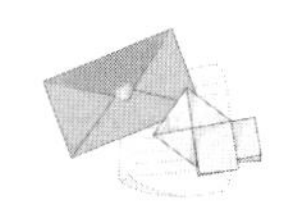

제 2 장 태양, 행성, 혜성

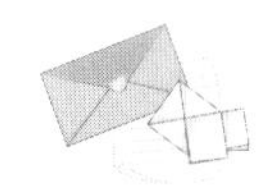

제 3 장 달은 지구의 가족

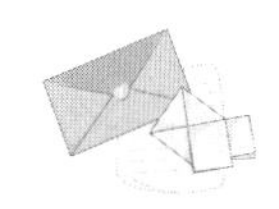

제 4 장 우주개발과 천체관측

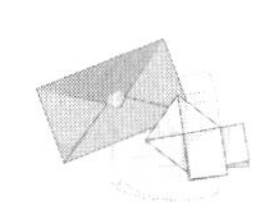

제 5 장 육지, 바다, 대기

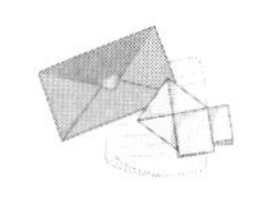

제 6 장 기상과 자연재해

제 1 장
우주, 은하, 별

질문 1.
우주란 무엇이며, 언제 어떻게 탄생하게 되었을까요?

우주는 무한히 광대한 공간을 가지고 있습니다. 거기에는 모든 물질과 에너지 그리고 시간까지 포함되어 있습니다. 우주가 어떻게 탄생하게 되었는지 정확히 알기는 어렵습니다. 우주 탄생에 대한 이론은 여러 가지입니다만, '빅뱅 이론'(대폭발 이론)이라 부르는 학설이 가장 인정받고 있습니다. 이 학설은 우주의 모든 물질과 에너지가 원자의 크기보다 작은 지극히 작은 공간에 집중되어 있다가, 한순간 불꽃탄이 터지듯 폭발을 일으키며 팽창을 시작하여, 지금과 같이 거대한 우주가 되었다는 것입니다.

우주가 폭발하여 약 3분이 지나자, 우주의 크기는 지금의 태양만 해지고, 온도 역시 태양과 비슷했습니다. 이때부터 우주에는 수소와 헬륨과 같은 가볍고 간단한 원소가 생겨났으며, 이런 원소들이 서로 합쳐지면서 더 무거운 원소들이 차례로 만들어졌습니다. 이러한 원소들은 여기저기 뭉쳐 별들이 되었습니다. 그런 별 중의 하나가 태양입니다. 태양 주변에는 같은 방법으로 지구와 같은 행성들도 만들어졌습니다. 별과 행성과

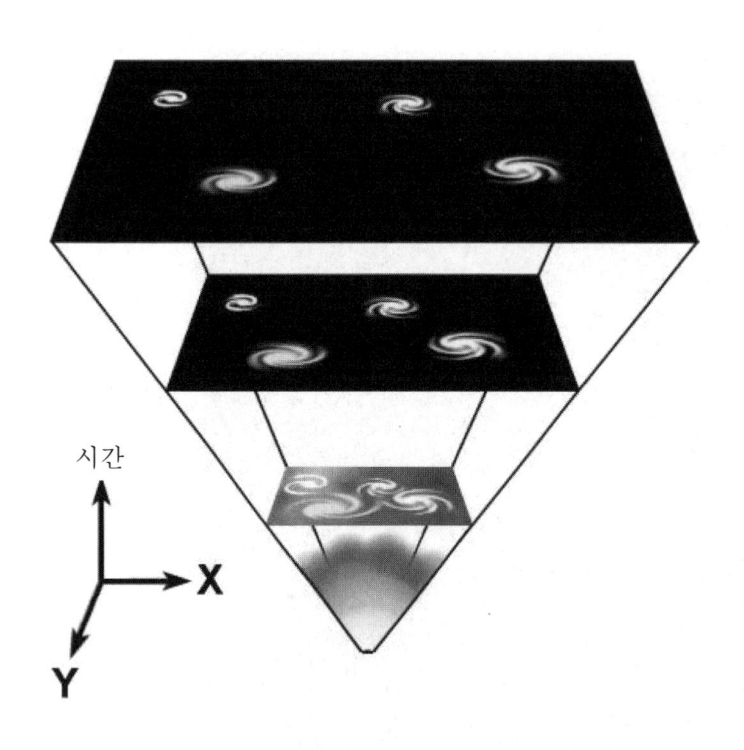

사진 1-1. 우주는 거대한 폭발 후 점점 확대되고 있습니다.

사진 1-2. 나선상의 은하(M 81) 뒤에 작은 은하(M82)가 있고, 왼쪽 아래에 다른 은하(NGC3077) 하나가 또 보입니다. 우주에는 이런 은하가 수억 개 흩어져 있습니다.

가스와 먼지로 가득한 광대한 우주 어딘가에서는 지금 이 순간에도 새로운 별이 만들어지고 있습니다.

대폭발 이전에는 시간도 존재하지 않았습니다. 우주가 언제 탄생했는지 정확히 알기는 어렵습니다. 과학자들은 여러 가지 이유를 종합하여 볼 때, 우주의 나이가 약 137억 년이라고 추정합니다. 우주공간에 설치한 허블우주망원경으로 더 먼 곳을 관측한 과학자들은 우주의 나이가 그보다 젊을 것이라고 주장하기도 합니다.

우주가 얼마나 큰지 말로 표현하기 어렵습니다. 빛은 1초에 30만 킬로미터를 갑니다. 빛의 속도로 1년 동안 가는 거리를 1광년이라 합니다. 오늘날 천문학자들은 120억 광년 거리에 있는 은하를 관측하고 있답니다.

질문 2.
은하란 무엇이며, 우주에는 얼마나 많은 별이 있나요?

우주의 크기를 이해하려면 독자가 가진 상상력을 최대한 동원해야 할 것입니다. 우주를 영어로는 유니버스(universe) 또는 코스모스(cosmos)라고 말합니다.

망원경이 발명되기 전에는 우주가 얼마나 많은 별이 모인 거대한 세계인지 어떤 천문학자도 상상하지 못했습니다. 망원경을 가지게 된 천문학자들은 별들을 관찰하는 동안 하늘 여기저기서 작은 구름 조각 같은 천체를 발견하고 이를 '별의 구름'이란 뜻으로 성운(星雲)이라 불렀습니다. 과거에 성운이라 불렀던 것을 지금은 은하(銀河)라고 부르는 경우가 많습니다.

마치 세계의 큰 도시들이 여기저기 흩어져 있듯이, 우주의 별들도 우주 공간 군데군데에 모여 그룹을 이루고 있습니다. 그것이 은하입니다. 사진 2는 바로 '은하'라고 부르는 것들의 여러 가지 모습입니다. 우주에는 이런 은하가 약 1천억(10에 0이 11개 붙은 숫자) 개나 흩어져 있습니다. 그리고 각 은하에는 저마다 수백억 개의 태양 같은 별이 모여 있습니다. 그러므로 우주에 있는 별의 수를 모두 헤아린다면 '1천억 곱하기 수백억' 개라

사진 2. 여러 가지 형태의 은하 30개를 나타내고 있습니다.

고 말 할 수 있을 것입니다.

우리가 밤하늘에서 볼 수 있는 별들은 모두 태양계가 속한 은하계('우리 은하'라고 부름) 속에 있는 것들입니다. 다른 은하계 속에 있는 별은 너무 멀어 하나씩 구분하여 볼 수 없습니다. 은하와 은하 사이의 거리 또한 서로 수십억 광년 멀리 떨어져 있습니다.

그런데 우리는 우리 은하계 밖에 있는 다른 은하는 볼 수 있습니다(사진 2 참조). 작은 망원경이 있으면 수십 개를 볼 수 있고, 천문대의 큰 망원경으로는 더 많이 볼 것입니다. 날씨가 맑고 조건이 좋으면 우리는 가까운 안드로메다은하를 맨눈으로도 볼 수 있습니다. 그러나 멀리 있는 은하일수록 너무 작게 보여 존재를 확인할 수 없습니다.

질문 3.
우리 은하와 다른 은하들은 어떤 모양을 하고 있습니까?

천문학자들은 별들이 산재해 있는 상태를 조사하여 태양계가 속한 우리 은하계의 모습을 짐작합니다. 우리 은하의 모습을 멀리서 본다면 안드로메다은하의 모습(사진 6)과 많이 닮았습니다. 우리 은하를 옆에서 보면 볼록렌즈 모양이고, 위에서 보면 마치 거대한 태풍의 구름이 소용돌이를 이룬 것처럼 보일 것입니다. 어찌 보면, 종이로 만든 바람개비가 회전하는 것처럼 보일 수도 있습니다.

우리 태양은 이런 은하계의 한쪽 가장자리에 있습니다. 은하계 속의 태양은 한자리에 가만히 있지 않고, 시속 약 100만 킬로미터의 속도로 은하계 주변을 돌고 있습니다. 다시 말해 태양은 마치 놀이터의 메리고라운드처럼 도는데, 은하계를 일주하는데 약 2억년이 걸립니다. 인간이 사는 지구와 다른 행성들 역시 태양과 함께 따라 돌아갑니다. 우주가 워낙 광대하여 수백 년이나 수천 년 동안에는 위치의 변화를 거의 느끼지 못합니다.

◀ **사진 3-1.** 우리 은하를 위에서 바라보면 이 사진의 은하계와 비슷할 것입니다.

▶ **사진 3-2.**
우리 은하를 옆에서 보면 이러한 모습이 됩니다.

우주에 존재하는 모든 은하의 약 절반 정도는 우리 은하와 비슷한 나선 모양을 가졌습니다. 어떤 은하는 타원형인 것이 있고, 마치 여왕벌 주변에 벌 떼가 모인 것처럼 둥글게 생긴 것, 약간 찌그러진 구형, 불규칙한 모양 등 다양합니다(사진 2 참조).

질문 4.
우주에는 얼마나 많은 별과 은하가 있으며, 별과 은하는 서로 충돌하지 않나요?

사람들은 수가 너무 많을 때 "별처럼 많다." 라든가, "바닷가의 모래알 같다."라는 표현을 잘 씁니다. 그래서 수를 나타내는 말 가운데 '무한'이라는 단어는 천문학에서 특히 잘 사용됩니다.

우리에게 빛과 열을 주는 태양은 은하계 속에 들어있는 1,000억 개의 별 가운데 1개의 별에 불과합니다. 천문학자들은 이 우주 전체에는 1,000억 개 정도의 별을 가진 은하가 약 1,000억 개 있다고 생각합니다.

태양에서 가장 가까운 다른 별까지의 거리는 약 4광년입니다. 별과 별 사이는 이처럼 너무나 멀기 때문에 서로 충돌하는 일은 거의 일어나지 않습니다. 그리고 은하와 은하 사이의 거리는 더 멀어 그런 일이 일어날 가능성은 더욱 없습니다. 우리 은하계와 가장 가까운 안드로메다은하까지의 거리만 해도 약 220만 광년이거든요.

설령 은하와 은하가 서로의 중력에 끌려 충돌하는 사건이 발생한다 해도, 마주 달려온 자동차처럼 금방 부딪치는 것이 아니라, 수백만 년의 시간이 걸리는 긴 충돌일 것입니다. 은하 중에는 타원형이면서 유난히 큰 것이 있습니다. 이런 은하가 생긴 원인에 대해 어떤 과학자는 은하끼리 서로 합해진 때문일 것이라고 말하기도 합니다.

질문 5.
맨눈으로 볼 수 있는 은하가 3개 있다는데요!

우주에는 약 1,000억 개의 은하가 있다고 합니다. 그 중에 3개의 은하는 망원경 없이 맨눈으로 볼 수 있습니다. 그 중 하나인 '마젤란성운'은 남반구 하늘에서만 볼 수 있어 그것을 보려면 지구의 중간을 가르는 적도 이하로 여행을 가야 한답니다.

마젤란 성운이 있다는 것을 처음 알게 된 것은, 1515년에 포르투갈의 유명한 해양탐험가 페르디난트 마젤란의 탐험대가 항해 중에 발견한 이후입니다. 마젤란성운은 구름 조각처럼 보이는데, 지구와 가장 가까운 성운이기도 합니다. 마젤란성운은 크고 작은 두 개의 성운이며, 큰 성운은 약 150억 개의 별이 모인 것이고, 다른 하나는 약 50억 개의 별을 가졌답니다.

두 번째 은하는 안드로메다은하입니다. 이 은하는 워낙 유명하여 천체를 소개하는 책에는 그 모습을 보여주는 사진이 모두 실려 있습니다. 안드로메다은하는 지구로부터 약 250만 광년 떨어져 있습니다(질문 6 참조).

그러므로 독자들이 이 은하를 바라본다면, 그 빛은 250만 년 전에 그곳을 떠나온 빛이랍니다. 마젤란성운이나 안드로메다 은하는 아무리 좋은 망원경으로 보아도, 그 속에 있는 별을 볼 수는 없습니다. 눈에 보이는 것은 수억의 별빛이 하나로 뭉쳐 희미하게 보일 뿐입니다.

세 번째는 겨울철 저녁에 잘 보이는 오리온자리의 오리온성운(M42)입니다. 오리온성운은 우주의 가스 입자들이 모인 구름과 같은 것이어서, 은하는 아닙니다. 이 성운은 맑은 하늘이면 뿌연 모습을 맨눈으로 확인할 수 있으며, 작은 쌍안경이 있으면 더 큰 모습을 확연히 볼 수 있습니다. 오리온성운은 육안으로 볼 때는 흰색으로 느껴지지만, 사진으로 찍으면 붉은색으로 나타난답니다.

사진 5. 맨눈으로 볼 수 있는 유명한 오리온성운. M42라고도 불리며, 큰 망원경으로 보면 그 옆에 M43이라는 다른 작은 성운도 관찰됩니다.

질문 6.
안드로메다은하란 어떤 천체입니까?

별이 잘 보이는 날, 안드로메다자리를 보면 작은 솜털 조각 같은 것을 맨눈으로 확인할 수 있습니다. 이것을 쌍안경으로 보면 그 모습을 더 선명히 볼 수 있습니다(사진 6 참조). 서기 964년에 페르시아의 천문학자 알 수피는 이 천체를 보고 '구름 조각 같다'고 기록했습니다.

안드로메다은하에는 우리 은하보다 더 많은 별이 모여 있으며, 태양계로부터 약 250만 광년 떨어져 있습니다. 안드로메다은하가 잘 보이는 것은 우리 은하와 거리가 가장 가까운 외계 은하이기 때문입니다. 안드로메다은하는 우리로부터 매초 300킬로미터의 속도로 멀어지고 있으며, 나선처럼 생긴 은하의 지름은 약 10만 광년이고, 그 속에는 약 400억 개의 별이 있습니다.

사진 6. 지구로부터 250만 광년 떨어진 곳에 있는 안드로메다은하. 태양계가 속한 우리 은하계도 이와 비슷한 형태를 하고 있습니다.

질문 7.
안드로메다은하를 왜 M31, 또는 NGC224라고 부르기도 하나요?

과학자들은 각 성운과 성단 등 여러 천체에 고유의 이름을 붙이고 있습니다. 그러나 은하는 수가 워낙 많기 때문에 일부만 이름을 가졌습니다. 1700년대에 작은 망원경으로 관측하던 천문학자 메시에(Charles Messier)는 그가 관찰한 100개 이상의 성운에 대해 M1, M2, M3…하고 그의 이름 머리글자 M에 번호를 붙였습니다. 이때 M31은 안드로메다은하에 붙여졌답니다.

이후 과학자들은 안드로메다은하를 간단히 M31이라 불렀습니다. 그러나 훗날 수없이 많은 은하를 발견하게 되면서, 천문학자들은 새롭게 이름 붙이는 제도를 정하고, 각 은하라든가 성단 등에 NGC 또는 IC라는 알파벳에 숫자를 붙여 부르기로 했습니다. 이때 안드로메다은하에게는 NGC224(또는 IC224)라는 이름이 붙었습니다. 그러므로 안드로메다은하, M31, NGC224, IC224는 모두 같은 것입니다.

질문 8.
은하와 은하수는 어떻게 다른가요?

수천억 개의 은하 속에는 수천억 개의 태양과 같은 별이 있습니다. 밤하늘에 우유를 흘려놓은 듯이 뿌연 은하수는 바로 우리 은하에 속한 무수한 별들이랍니다. 우리 은하의 크기는 한쪽 끝에서 반대쪽 끝까지 빛의 속도로 약 10만 광년입니다. 그 속에는 약 1,000억 개의 별이 있습니다.

우리 은하는 중앙이 볼록한 볼록렌즈처럼 생겼으며, 가운데 부분을 중심으로 소용돌이 모양을 이룬 상태로 돌고 있습니다. 대부분의 은하는 안드로메다은하와 닮았습니다(질문 6 참조). 태양은 우리 은하의 중심에서 3분의 2쯤 되는 약 3만2,000광년 떨어진 가장자리에 위치하고 있습니다. 태양이 있는 곳에서 우리 은하의 중심부 쪽을 바라보면 반대 방향보다 별이 훨씬 많이 보입니다. 만일 독자가 은하수를 보고 있다면, 그것은 은하의 중심 쪽을 바라보고 있는 것입니다.

옛사람들은 우주의 구조를 알지 못했으므로, 하늘이 마치 은빛으로 반짝이는 강물 같다고 생각하여 은하수(銀河水)라는 아름다운 이름을 지어 불렀습니다. 그러나 영어에서는 우유의 길(milky way) 또는 갤럭시(galaxy)라 부르지요.

사진 8. 머리 위로 은하수가 펼쳐져 있습니다. 불빛이 많은 도시에서는 은하수를 볼 수 없습니다.

질문 9.
우주의 크기는 변하지 않는가요?

우주는 지금도 팽창하고 있답니다. 이 사실을 처음 발견한 과학자는 에드윈 허블(1889~1953)이었습니다. 그는 은하들 사이의 거리를 측정하던 중 놀라운 사실을 발견했습니다. 그것은 지구에서 먼 은하일수록 더 빨리(거의 빛의 속도로) 멀어져 가고 있었던 것입니다. 이러한 현상을 '허블의 법칙'이라 합니다. 그리하여 천문학자들은 우주에 있는 모든 은하들이 서로 멀어져가고 있으며, 그에 따라 우주는 계속 팽창한다는 것을 알게 되었습니다.

우주가 확대된다고 해서 태양과 지구 사이라든가 행성들 간의 간격이 멀어지는 것은 아닙니다. 그 이유는 태양과 행성들 사이에는 중력이 작용하여 서로 붙잡고 있기 때문에 일정한 거리 이상 멀어지지 않습니다.

사진 9. 천문학자 에드윈 허블은 우주가 확대되고 있다는 사실을 처음 발견했습니다.

우주의 크기라든가 거리는 광년이라는 단위로 나타냅니다. 지구에서 관찰할 수 있는 은하 중에 제일 멀리 있는 것은 약 120~140억 광년 떨어진 곳에 있습니다. 그러므로 현재 관측이 가능한 우주의 직경은 약 280억 광년이 되는 셈입니다. 1광년이라는 거리도 상상하기 어려운데, 우주의 전체 크기는 무한이라고 해야 하겠습니다.

지구로부터 가장 멀리 있는 은하들은 훌륭한 망원경으로도 볼 수 없을 만큼 아득히 떨어져 있습니다. 만일 우리가 1억 광년 떨어진 별빛을 보고 있다면, 그 빛은 1억 년 전에 그 별을 떠나 지금 우리 눈에 도달한 것이랍니다. 다시 말해 우리는 1억 년 전 별을 보고 있는 것이지요.

우주는 현재도 팽창하고 있습니다. 그러면 우주는 영구히 확대되기만 할까요? 그 답은 과학자들도 모릅니다. 어떤 과학자는 계속 팽창할 것이라고 하고, 어떤 과학자는 어느 정도 확대된 후에는 다시 줄어들기 시작하여 우주 탄생 때처럼 작아질 것이라고도 합니다.

질문 10.
별은 어떻게 생겨났습니까? 그리고 지금도 생겨나고 있나요?

우주 공간에는 먼지와 가스의 거대한 덩어리가 모인 것이 여기저기 있습니다. 이런 것을 성운이라 합니다. 성운의 가스 입자와 먼지들이 서로의 인력에 의해 점점 모이면 자꾸만 커지게 됩니다. 이런 것이 일정한 크기 이상이 되면, 내부의 온도가 높아져 핵반응을 일으키는 별이 됩니다. 지구에서 가장 가까운 별은 태양이며, 이러한 별은 성운 속에서 지금도 생겨나고 있습니다.

사진 10. 켄타우루스자리에 보이는 별 떼가 모인 듯한 이 구상성단에는 약 100만 개의 별이 있습니다.

질문 11.
지구에서 태양 다음으로 가까운 별은 어느 별입니까?

태양 다음으로 가까이 있는 별은 4.22광년 떨어진 '프록시마 켄타우리' 별입니다. 켄타우루스자리에 있는 이 별은 11.1등급으로 아주 어둡기 때문에 1915년에야 발견되었으며, 가장 성능 좋은 망원경이 있어야 겨우 보일 정도입니다. 그나마 이 별은 우리나라에서는 보이지 않는 남반구 하늘에 있습니다. 만일 프록시마 켄타우리 별을 향해 보이저 우주선(시속 8만 1,600킬로미터)을 타고 간다면 약 7만 4,000년 후에 도달할 수 있습니다.

그 다음으로 가까운 별은 큰개자리의 '시리우스' 별입니다. 이 별까지의 거리는 8.7광년이며, 지상에서 보기에 가장 밝은 별이기도 합니다(질문12 참조).

질문 12.
별은 밝기와 색이 왜 조금씩 다른가요?

사람은 모두가 각기 자신의 이름을 가지고 있듯이, 과학자들은 하늘에 보이는 모든 별들에게 이름을 붙여주었습니다. 밝은 별에는 멋진 고유 이름을 달았고, 어두운 별에는 번호를 붙여두었습니다. 그러므로 이름이나 번호를 알면 어느 별자리의 어떤 별인지 알 수 있지요. 별자리지도(성좌도, 성도)를 보면 별의 위치, 이름과 번호, 그것의 밝기 등이 표시되어 있습니다.

겨울철 저녁 밤하늘에 잘 보이는 오리온자리는 찾기가 쉽고 매우 아름다운 별자리입니다. 오리온자리의 별들을 보면 그중에 유난히 붉은색을 가진 밝은 별이 있습니다. 그 별의 이름은 '베텔주스'입니다. 반면에 푸른색으로 밝게 반짝이는 것은 '리겔'이라는 별입니다.

모든 별들은 태양과 마찬가지 방법으로 엄청난 열과 에너지를 내는 거대한 가스 덩어리입니다. 별 중에는 태양보다 수십 배 큰 것이 있습니다. 이런 별은 특별히 '초거성'이라 하며 붉은색으로 보입니다. 반면에 '백색왜성'이라 부르는 흰빛의 별은 지구 크기 정도로 작지만 매우 밝은 빛을 냅니다.

별들의 색이 서로 조금씩 차이가 나는 것은 그 크기와 표면 온도 때문입니다. 붉은색으로 보이는 별은 섭씨 3,000도 정도로 온도가 낮고, '백색왜성'이라 불리는 별들은 10,000~50,000도로 높습니다. 붉은색일수록 온도가 낮고 청색일수록 고온의 별이랍니다. 태양을 멀리서 본다면 약간 황색으로 보이는데, 다른 별과 비교할 때 크기라든가 표면 온도는 중간에 속합니다.

과학자들은 별의 밝기에 따라 등급을 매기고 있는데, 눈으로 보고 판정하기 어렵기 때문에 특별한 광학기구를 사용합니다. 별빛의 밝기를 나타내는 등급은 수치가 클수록 어둡고, 작을수록 밝은 별입니다. 인간의 눈은 6등성보다 어두운 별은 육안으로 볼 수 없습니다.

질문 13.
별은 왜 밤에만 보이나요?

밤에는 수없이 많은 별을 볼 수 있지만, 낮에는 오직 1개의 별만 보입니다. 그것은 지구와 가장 가까이 있는 태양이라는 별입니다. 밤이 되어도 건물과 거리의 불빛이 휘황한 도시에서는 별이 잘 보이지 않습니다. 그러

사진 13. 미국의 항공우주국이 설치한 허블 우주망원경은 지상에 세운 어떤 큰 망원경보다 선명하게 우주를 관찰합니다. 이 우주망원경은 우주왕복선에 실어 우주로 옮겨온 것입니다.

나 주변이 깜깜한 사막, 바다 가운데, 깊은 산속에 가면 더 많은 별이 매우 밝게 보입니다.

낮에 별을 볼 수 없는 이유는 태양빛이 너무 밝기 때문입니다. 도시 건물의 불빛, 가로등의 조명, 밝은 달빛 등은 모두가 별 보기에 방해가 되지요. 그러므로 별을 잘 관찰하려면 달이 뜨지 않는 시간을 선택해야 하고, 주변에 불빛이 없는 곳을 찾아가야 합니다.

천문학자들은 별을 관찰하는 천문대를 수천 미터 높은 산꼭대기에 설치합니다. 그런 곳은 도시의 불빛 영향이 적을 뿐만 아니라, 공기층도 얇아 기류의 흔들림이 적기 때문에 별이 훨씬 잘 보입니다. 별을 관찰하기 더 좋은 곳은 공기와 인공 불빛이 없는 달이나 우주공간입니다. 지금의 천문학자들은 우주공간에 단 1개뿐인 허블 우주망원경을 차례를 기다려 중요한 관측을 하고 있습니다.

질문 14.
하늘은 별과 은하로 가득한데, 왜 전체가 검은색으로 보이나요?

우주에는 무수히 많은 별들이 있으므로 하늘은 전체가 밝게 보여야 할 것으로 생각됩니다. 그러나 하늘은 낮에는 환하게 보이고 밤이 오면 캄캄해집니다. 그러나 달에서 하늘을 본다면 별이 있는 곳을 제외한 하늘은 온통 깜깜하기만 합니다.

지구에서 볼 때 낮에 하늘이 밝게 보이는 것은 공기의 분자들이 햇빛을 받아, 마치 수없이 많은 작은 거울처럼 반사하기 때문입니다. 그러나 우주공간은 그토록 별이 많지만 대부분은 빈 공간이어서, 전체가 밝게 보일 정도로 빛을 보내주지 못합니다. 또한 수억 광년 아득히 멀리서 오는 별빛은 먼 거리를 오는 동안 약해져 눈의 시각이 느낄 수 없게 됩니다.

질문 15.
밤하늘에서 가장 밝은 별은 어떤 것입니까?

해가 지고 어두워지기 시작하면 제일 밝은 별이 먼저 보이기 시작합니다. 또한 공해가 심하여 별이 잘 보이지 않는 도시에서도 밝은 별 몇 개는 보입니다. 가장 밝은 별 10개의 이름을 알고 있으면 별자리를 찾을 때도 편리합니다. 한 별자리에 속한 별 중에 제일 밝은 것을 그 별자리의 '주성'(主星)이라 합니다. 다음 쪽 도표 속의 별들은 모두 그 별자리의 주성입니다.

별 이름	별자리 이름	밝기(등급)
시리우스	큰개자리	−1.47
카노푸스	용골자리	−0.72
아르크투루스	목자자리	−0.06
리길 켄타우루스	켄타우루스자리	+0.01
베가	거문고자리	+0.04
카펠라	마차부자리	+0.05
리겔	오리온자리	+0.14
프로키온	작은개자리	+0.37
베텔주스	오리온자리	+0.41
아케르나르	에리다누스자리	+0.51

질문 16.
블랙홀이란 무엇인가요?

무엇이든 빨아들이고, 한번 들어간 것은 다시 나오지 못하는 곳을 세상 사람들은 '블랙홀'이라 하는데, 이 말은 본래 천문학 용어입니다. 공상과학소설에서는 우주를 비행하던 탐험선이 어떤 힘에 이끌려 들어가 빠져나오지 못하고 최후를 맞는 이야기가 나옵니다.

우주 공간에서 별은 보이지 않지만, 분명히 어떤 천체가 있다고 생각되는 지점을 블랙홀(검은 구멍)이라 합니다. 이곳은 중력이 너무 강하여 주변의 모든 것이 빨려들어 빛조차 탈출하지 못하기 때문에 망원경으로는 관찰이 불가능합니다. 블랙홀은 그 상황이 어떤지 이론적으로만 상상하는 매우 신비스럽고 흥미로운 천체입니다.

블랙홀을 찾기 위해 과학자들은 강력한 엑스선이 나오는 장소를 찾습니다. 왜냐하면 블랙홀 가까이 있는 별에서 나온 물질은 블랙홀로 빨려들어갈 것이고, 그 영향으로 엑스선이 나오게 된다고 생각하기 때문입니다.

블랙홀이 생긴 이유는, 거대한 별(태양보다 적어도 4배 이상 큰)이 수명을 다하여 빛을 잃으면서 수축하여, 강한 중력을 가지게 된 때문이라고 과학자들은 생각합니다. 별이 죽은 후에 전보다 큰 중력을 가지게 되는 이유는, 빛을 내며 핵반응을 일으키고 있을 동안에는 반발력에 의해 중력이 크지 못하다가, 핵반응이 중단되면 중력이 커지게 되는 것이라고 생각합니다.

과학자들은 은하계에서 블랙홀이라고 생각되는 지점을 여럿 발견했습니다. 그리고 은하 속에는 수백만 개의 블랙홀이 있으리라 생각하고 있습니다. 그러나 블랙홀이 정말 있는지에 대한 확실한 증거는 아직 찾지 못했답니다. 영국의 물리학자이며 수학자인 스티픈 호킹 박사는 블랙홀에 대한 이론 연구에서 중요한 업적을 남긴 위대한 과학자입니다.

사진 16. 수많은 별 사이에 별이 보이지 않는 부분이 있습니다. 블랙홀이라고 부르는 곳에서는 주변의 빛까지 강한 중력에 끌려들어간다고 생각하고 있습니다.

질문 17.
적색 거성이라든가 초신성 또는 중성자별은 어떤 별입니까?

별은 우주의 먼지와 가스가 모여 탄생하기도 하지만 오랜 시간이 지나면 죽기도 합니다. 즉 빛나던 별이 핵반응을 일으킬 연료를 다 소모하고 나면 죽게 됩니다. 별이 수명을 다하면 부풀어 올라 거대한 붉은 별이 됩니다. 이런 별을 '적색 거성'이라 하지요.

적색 거성의 외부를 둘러싼 가스가 우주 공간으로 차츰 빠져 나가면 거기에는 조그마한 흰색의 별이 남습니다. 이것을 '백색 왜성'이라 합니다. 백색 왜성은 아주 작지만 엄청나게 무거운 상태입니다. 예를 들면 백색 왜성에서 골프공만한 것의 무게는 커다란 트럭의 무게와 맞먹게 되니까요. 이 백색 왜성은 점점 식어 결국 빛을 잃게 됩니다. 우주에서는 우리가 지상에서 상상할 수 없는 일들이 이처럼 일어납니다.

태양보다 10갑절 이상 큰 별이 핵연료인 수소를 다 소모하면, 더욱 큰 '적색 초거성'이 되었다가 대폭발을 일으킵니다. 이때 엄청나게 밝은 빛을 내다가 차츰 어두워지므로, 이런 별을 '초신성'이라 합니다. 이런 초신성은 나중에 우리가 상상하기 어려운 '중성자별'이라는 무거운 별이 됩니다. 만일 직경이 10킬로미터(지구의 직경은 약 6만4,000킬로미터)인 중성자별이 있다면 그것의 무게는 태양보다 무겁답니다. 그러므로 중성자별에 골프공만한 돌이 있다면 그것의 무게(질량)는 10억 톤이 넘을 것이라고 합니다.

이런 중성자별은 별이 늙어 폭발했을 때, 원자핵을 구성하던 양자와 전자 같은 것은 없어지고 중성자만 꽉 들어찬 천체가 된 것이랍니다. 지금까지 과학자들은 1,500개 정도의 중성자별을 발견했습니다. 이런 중성자별은 매우 빠른 속도로 자전하고, 자전하는 동안 전자파와 엑스선 같은 형태로 막대한 에너지를 내놓기 때문에 펄서(전자파를 내는 별)라는 이름으로도 부르고 있습니다.

질문 18.
변광성이란 어떤 별인가요?

태양은 언제나 일정한 정도로 빛과 열을 내고 있습니다. 그러나 모든 별이 다 그런 것은 아닙니다. 어떤 별은 그 밝기가 몇 시간 또는 몇 백일을 주기고 밝아졌다 어두워졌다 하고 있습니다. 별빛의 밝기가 변하기 때문에 변광성이라 부르는 이들에는 두 가지 종류가 있습니다.

첫째는 '식변광성'이라고 하여, 2개의 별이 서로 아령처럼 하나가 되어 함께 회전하는 별입니다. 이런 변광성은 지구에서 볼 때 서로 겹쳐 앞의 별이 뒤의 별을 가리게 되면 어둡게 보이고, 서로 옆으로 서게 되면 밝은 별이 됩니다. 식변광성(蝕變光星)의 식(蝕)은 벌레가 갉아먹듯이 '먹는다'는 의미입니다. 월식(月蝕)이라든가 일식(日蝕)에도 식자를 붙이고 있습니다. 페르세우스자리의 '알골'이라는 별은 대표적인 식변광성인데, 이 별은 69일을 주기로 2.2등급에서 3.5등급으로 밝기가 변하고 있습니다.

두 번째는 맥동변광성(맥동성)입니다. 이 별에서는 핵반응이 불안정하게 일어나 팽창했다가 수축했다가 하는 변화를 주기적으로 하고 있습니다. 맥동변광성은 크기가 팽창하면 어두워지고, 수축하면 밝아집니다. 대표적인 맥동성은 고래자리에 있는 '미라'입니다. 이 별은 332일 주기로 2등성 정도로 밝아졌다가 10등급으로 어두워지고 있습니다.

질문 19.
이중성이란 어떤 별입니까?

별들은 태양처럼 홀로 빛나는 것으로 생각되지만, 별의 절반은 둘 또는 몇 개의 별이 무리를 지어 하나의 별처럼 운동합니다. 두 개의 별이 함께 있는 것은 이중성, 3개가 한데 있는 것은 삼중성이라 합니다.

유난히 밝은 큰개자리의 별 '시리우스'는 지구로부터 8.6광년 떨어져 있으며, 2개의 별로 이루어진 이중성입니다. 둘 중 하나는 태양보다 2.3배 무겁고, 다른 하나는 아주 작습니다. 이 두 별은 50년을 주기로 서로 마주하여 돌고 있습니다. 그리고 태양계로부터 가장 가까운 별인 켄타우루스자리의 '알파 켄타우리' 별은 3개의 별이 모여 있습니다.

질문 20.
오리온성운은 사진에 왜 붉게 나타납니까?

겨울 저녁 밤하늘에서는 오리온자리에 있는 '오리온성운'이라는 유명한 성운을 맨눈으로도 희미하게 볼 수 있습니다. '오리온'은 신화에 나오는 힘센 사냥꾼의 이름입니다. 그는 바다의 신 포세이돈의 아들로서, 바다 위를 걸어 다니는 능력을 가지고 있었답니다.

오리온자리에는 3개의 별이 나란히 보석처럼 빛나고 있어 특히 아름답습니다. 이 세 별 바로 아래에 오리온성운(M42라 부름)이 있습니다. 작은 망원경으로라도 보면 금방 확인할 수 있습니다(질문 5. 참조).

이 성운은 수소와 헬륨, 우주의 먼지 등으로 이루어진 성간(星間)의 구름입니다. 이런 성간 구름의 입자들이 장기간에 걸쳐 크게 모이면 새로운 별이 탄생하게 되지요. 이 성운은 육안으로는 희뿌옇게 보이지만 컬러사진으로 찍으면 붉은색으로 나옵니다. 수소와 헬륨, 우주 먼지 등으로 구성된 오리온성운 내부에는 아주 밝은 별들이 있습니다. 이 별에서 나온 빛이 성운을 구성하고 있는 수소 가스를 자극하여 붉은 빛을 내게 한답니다.

질문 22.
플레이아데스 성단은 어떻게 해서 생겼을까?

밤하늘에서 가장 아름다운 천체 중 하나가 황소자리에 있는 밝은 별 몇 개가 한자리에 모여 유난히 밝게 반짝이는 플레이아데스 성단입니다. 이 성단을 맨눈으로 보면 7개 정도가 보이며, 우리 조상들은 이 성단을 '좀생이별'이라 불렀고, 서양에서는 일곱 자매(seven sisters)라고 부른답니다.

플레이아데스 성단을 쌍안경으로 보면 수백 개의 별이 보이고, 천문대의 큰 망원경으로 보면 약 3,000개나 되는 별이 모인 것을 알게 됩니다.

사진 21. 황소자리에 보이는 플레이아데스 성단에는 3,000여개의 별이 있으며, 그 중 7개가 밝게 보입니다.

이 성단은 약 1억 년 전에 생긴 것으로 가장 최근에 만들어진 별들이기도 합니다. 이 성단 속에서는 지금도 새 별이 만들어지고 있다고 생각합니다. 플레이아데스 성단을 찍은 원색사진을 보면 푸른빛이 나는 구름으로 둘러싸여 있습니다. 이것은 별이 만들어지는 가스와 먼지의 구름이 주변의 다른 별빛을 받아 반사한 빛이랍니다.

질문 22.
'여름 하늘의 별자리'라든가 '겨울 하늘의 별자리'는 어떻게 구분합니까?

별자리가 매일 밤, 또는 계절에 따라 다른 위치에 보이는 것은 지구가 태양 주위를 공전하기 때문입니다. 과학책이나 잡지 등에서 봄, 여름, 가을, 겨울 별자리를 구분하는 것은 그 계절의 저녁 9시 경에 머리 위(중천)에 보이는 별자리를 주로 말합니다.

예를 들어 여름 하늘의 별자리라고 하면, 해가 지고 초저녁 9시 경에 머리 위에 보이는 백조자리, 거문고자리, 독수리자리, 헤르쿨레스자리, 목자자리, 용자리 등을 말하고, 겨울 하늘의 별자리는 오리온자리, 쌍둥이자리, 작은개자리, 큰개자리, 에리다누스자리, 황소자리, 마차부자리 등이랍니다. 이 시간에 다른 별자리들도 여럿 보이지만, 지평선 가까이 있는 것들은 잘 보이지 않지요.

겨울이 가고 봄이 오면, 겨울 하늘의 오리온자리나 쌍둥이자리의 별들은 서쪽 지평선 쪽으로 이동하고, 그 동안 동쪽 지평선 쪽에서 보이던 사자자리, 처녀자리, 게자리, 바다뱀자리, 까마귀자리 등이 중천에 오게 되어 봄의 별자리를 이루지요.

여름철에 새벽에 밖에 나와 하늘을 본다면, 저녁에 보이던 여름하늘의 별자리는 이미 서쪽으로 내려가고, 중천에는 가을 하늘의 별자리와 겨울 하늘의 별자리 일부가 반짝이고 있을 것입니다. 앞의 질문 21에 나온 플레이아데스 성단은 대표적인 겨울 하늘의 별자리인 황소자리에 있습니다.

질문 23.
별의 위치라든가 별자리는 변하지 않고 그대로인가요?

매일 밤 위치가 변하는 행성과는 달리 별들은 그 자리가 항상 변하지 않는 것처럼 보입니다. 그러나 사실은 별들도 아주 빠른 속도로 이동하고 있습니다. 별들은 너무 멀리 떨어져 있어 맨눈으로 볼 때는 수백 년이 지나도 그 자리에 있는 것처럼 보일 뿐입니다.

별들의 위치가 변하고 있다는 사실은 1718년 영국의 천문학자 에드먼드 핼리가 처음 발견했습니다. 별의 움직임이 아주 적었기 때문에 그는 여러 해를 두고 관측한 결과, 별도 이동한다는 사실을 발견했습니다. 우리는 북극성이 북쪽에 있다고 생각합니다. 그러나 수천 년이 지나면 북극성도 엉뚱한 자리에 있게 됩니다.

큰곰자리의 북두칠성도 그렇습니다(질문 26 참고). 7개의 별은 같은 위치에 자리하고 있지만, 각 별은 지구와의 거리가 각기 다르며, 이동하는 방향도 제각각이랍니다. 그러므로 10만년 후의 북두칠성은 지금의 위치에 있지 않고 별자리 모양도 바뀌게 됩니다.

그러므로 수천 년이 지나면 우리 눈에 익숙한 별자리들이 전혀 엉뚱한 모습을 하게 될 것입니다. 한편 태양도 한 자리에 있지 않고, 약 2억 5000만년 걸려 은하계를 한 바퀴 돌게 된답니다.

별똥별이 빛을 내며 떨어지는 것을 보면, 사람들은 낭만적인 표현으로 "어! 별이 떨어진다!"라고 말합니다. 진짜 별이 떨어진다면 지구의 운명은 그 순간에 끝나겠지요.

질문 24.

왜 우주공간에서는 아래와 위 구분이 되지 않습니까?

공중으로 던진 돌은 반드시 땅으로 떨어져 내립니다. 세상 사람들은 이런 말도 합니다. "위로 올라간 것은 반드시 아래로 내려온다." 그런데 별들은 아래로 떨어지는 일이 없습니다. 여기서 우리가 '아래'라고 하는 것은 중력이 강하게 작용하는 방향입니다. 지구상에서는 우리가 북극에 있다가 남극으로 가더라도 발쪽이 아래입니다.

그런데 우주선을 타고 지구를 떠나 조금 멀리 나가면, 중력이 약하게 작용하여 사정이 달라집니다. 즉 아래와 위 구분이 없어지는 무중력(또는 무중량) 상태가 됩니다. 따라서 우주로 나간 비행사의 몸은 공중에 붕 떠 있습니다. 우주선 안이나 바깥 어디를 가도 아래위가 없습니다. 그러다가 우주비행을 마치고 지구로 점점 접근하면 사라졌던 아래위가 다시 생겨납니다.

미래에 많은 사람이 이주하여 사는 우주도시가 만들어졌을 때, 그곳에 사는 사람들은 무중력상태로 장기간 지낼 수 없습니다. 그때는 우주도시에 인공중력을 만들게 됩니다. 우주도시는 마치 거대한 도넛처럼 만들 것이며, 도넛 우주도시는 빙빙 회전을 합니다. 그러면 원심력이 생겨 도넛 가장자리는 마치 중력이 있는 것처럼 된답니다. 그런 우주도시에서는 도넛의 회전 중심이 위쪽이 되고 가장자리는 아래가 되지요.

사진 24-1. 미국항공우주국이 구상하고 있는 1만 명의 사람이 살 수 있는 우주도시의 상상도입니다.

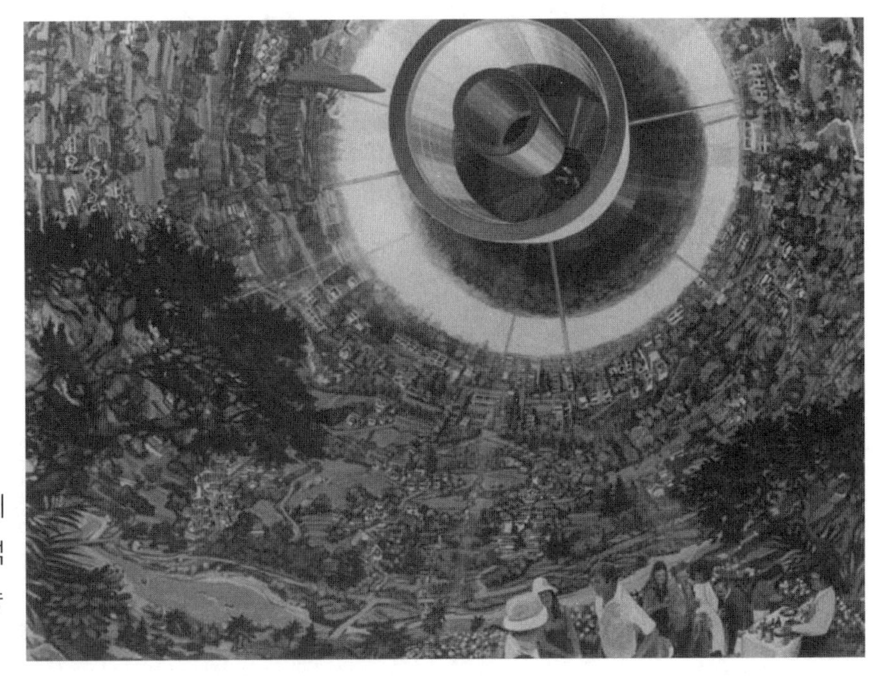

사진 24-2. 우주도시에는 지상에서와 같은 주택과 정원, 강과 호수, 농장이 만들어질 것입니다.

질문 25.
하늘에는 별자리가 몇 개나 있으며, 별자리는 어떻게 그어진 것인가요?

밤하늘을 보면, 유난히 밝은 별들이 여기저기 흩어져 보입니다. 옛 사람들은 이들 밝은 별을 구획하여 동물이나 물건 또는 신화에 나오는 신들의 모습을 그려 넣었습니다. 고대 그리스의 천문학자들은 구분된 위치에 있는 별들에 대해 오늘날 사용하는 별자리 이름을 붙였습니다. 예를 들면 사자자리, 왕관자리, 오리온자리처럼 말입니다.

오늘날 천문학자들은 온 하늘의 별자리를 88개로 나누고 있습니다. 이것은 마치 우리나라 전국을 경기도, 충청남도 등으로 구분하여 그 경계를 확실히 하는 것과 같습니다. 다음은 별자리 88개의 영어이름과 우리말 이름입니다.

전 하늘의 88개 별자리 이름

1	Andromeda	안드로메다자리	45	Lacerta	도마뱀자리
2	Antlia	공기펌프자리	46	Leo	사자자리
3	Apus	극락조자리	47	Leo Minor	작은사자자리
4	Aquarius	물병자리	48	Lepus	토끼자리
5	Aquila	독수리자리	49	Libra	저울자리
6	Ara	제단자리	50	Lupus	이리자리
7	Aries	양자리	51	Lynx	살쾡이자리
8	Auriga	마차부자리	52	Lyra	거문고자리
9	Bootes	목자자리	53	Mensa	테이블산자리
10	Caelum	조각구자리	54	Microscopium	현미경자리
11	Camelopardalis	기린자리	55	Monoceros	외뿔소자리
12	Cancer	게자리	56	Musca	파리자리
13	Canes Venatici	사냥개자리	57	Norma	수준기자리
14	Canis Major	큰개자리	58	Octans	팔분의자리

15	Canis Minor	작은개자리	59	Ophiucus	뱀주인자리
16	Capricious	염소자리	60	Orion	오리온자리
17	Carina	용골자리	61	Pavo	공작자리
18	Cassiopeia	카시오페이아자리	62	Pegasus	페가수스자리
19	Centaurus	켄타우루스자리	63	Perseus	페르세우스자리
20	Cepheus	케페우스자리	64	Phoenix	봉황새자리
21	Cetus	고래자리	65	Pictor	이젤자리
22	Chameleon	카멜레온자리	66	Pisces	물고기자리
23	Circinus	나침반자리	67	Piscis Austrinus	남쪽물고기자리
24	Columba	비둘기자리	68	Puppis	고물자리
25	Coma Berenices	머리털자리	69	Pyxis	나침반자리
26	Corona Australis	남쪽왕관자리	70	Reticulum	그물자리
27	Corona Borealis	북쪽왕관자리	71	Sagitta	화살자리
28	Corvus	까마귀자리	72	Sagittarius	궁수자리
29	Crater	컵자리	73	Scorpius	전갈자리
30	Crux	남십자자리	74	Sculptor	조각실자리
31	Cygnus	백조자리	75	Scutum	방패자리
32	Delphinus	돌고래자리	76	Serpens	뱀자리
33	Dorado	황새치자리	77	Sextans	육분의자리
34	Draco	용자리	78	Taurus	황소자리
35	Equuleus	조랑말자리	79	Telescopium	망원경자리
36	Eridanus	에리다누스자리	80	Triangulum	삼각형자리
37	Fornax	화학로자리	81	Triangulum Australe	남쪽삼각형자리
38	Gemini	쌍둥이자리	82	Tucana	큰부리새자리
39	Grus	두루미자리	83	Ursa Major	큰곰자리
40	Hercules	헤르쿨레스자리	84	Ursa Minor	작은곰자리
41	Horologium	시계자리	85	Vela	돛자리
42	Hydra	바다뱀자리	86	Virgo	처녀자리
43	Hydrus	물뱀자리	87	Volans	날치자리
44	Indus	인디언자리	88	Vulpecular	여우자리

질문 26.
북극성과 북두칠성은 어떤 별입니까?

북두칠성은 북반구 밤하늘에서 유난히 뚜렷하게 줄지어 보이는 7개의 별입니다. 서양에서는 이 7개의 별이 마치 긴 손잡이를 가진 거대한 물바가지 모양이므로, '큰 국자'(Big Dipper)라는 이름으로 부른답니다. 그런데 북두칠성은 그 자체가 하나의 별자리를 이루는 것이 아니라, '큰곰자리'라는 별자리의 한 부분에 있습니다.

지구는 팽이처럼 남북을 향한 축을 중심으로 쉬지 않고 자전합니다. 그러므로 하늘의 별들도 태양처럼 동쪽에서 떠올라 서쪽으로 집니다. 그런데 북극성은 돌지 않고 제자리에 있는 듯이 보입니다. 그러나 북극성도 작은 원을 그리며 돌고 있습니다. 북극성은 지구라는 팽이의 회전축 위치에 아주 가까이 있기 때문에 제자리에 있는 것처럼 보일 뿐입니다.

북두칠성은 이 북극성에 가까이 있는 축을 중심으로 일주하므로, 시간마다 다른 위치에서 보입니다. 예를 들면 초저녁에 머리 위에서 보였다면, 서쪽으로 돌아 새벽에는 북쪽 지평선에 걸려 보이게 됩니다. 그러므로 만일 북두칠성이 보이지 않는다면, 북쪽 지평선에서 찾아보기 바랍니다.

질문 27.
북극성은 왜 중요하며, 찾는 방법을 알려주세요.

북극성은 영어로 폴라리스(Polaris)라고 부르며, 밤이면 북쪽이 어디인지 알려주는 별입니다. 옛 뱃사람들은 밤에는 북극성을 보고 방향을 판단하

여 항해를 했습니다. 지금도 밤에 산속이나 낯선 곳에서 길을 잃는다면 북극성을 찾아 방향을 판단해야 합니다.

하늘에 북두칠성이 보이기만 하면 북극성 찾기는 매우 간단합니다. 북두칠성 국자 손잡이 끝에서 6,7번째의 두 별을 직선으로 4배 거리만큼 이어가면, 그 자리에 북극성이 있습니다. 북극성은 2등성이므로 북두칠성의 별보다 조금 어두운 편입니다.

남쪽 하늘에는 북극성처럼 정남쪽 위치에 밝은 별이 없습니다. 가까이 '노인성'이라 부르는 별이 있지만, 우리나라처럼 북반구의 위도가 높은 나라에서는 남쪽 지평선 아래에 있는 그 별을 볼 수 없습니다.

사진 26. 북두칠성과 큰곰자리의 별을 나타냅니다.

사진 27. 북두칠성 손잡이 끝에서 6,7번째의 두 별을 4배 거리 이어가면 북극성이 있습니다.

질문 28.
별들은 왜 반짝입니까?

아득히 먼 곳에서 오는 별빛은 지구를 둘러싼 대기층을 통과하여 우리 눈에 들어옵니다. 대기층은 높이에 따라 온도가 다르고, 바람도 불고 있어, 마치 뜨거운 아스팔트 위의 공기처럼 굴절 상태가 일정하지 않아 흔들리고 있습니다. 그러므로 별빛은 마치 반짝거리는 듯이 보입니다. 그러나 여러분이 우주선을 타고 대기권 밖으로 나가 별을 본다면, 공기가 없으므로 반짝거리는 별은 하나도 없습니다.

만일 지상에서 보는 별들이 유난히 크게 보이고 많이 반짝거린다면 공중의 기류가 더 많이 흔들리고 있다는 것을 짐작할 수 있습니다.

질문 29.
광행차(光行差)란 무엇입니까?

비 오는 날, 자동차 창문에 떨어지는 빗방울을 생각해봅시다. 차가 정지해 있을 때는 빗방울이 창문에 수직으로 떨어집니다. 그러나 차가 앞으로 달리면 앞에서 비스듬히 떨어지는 것처럼 보입니다. 이러한 현상은 우산을 받치고 서 있을 때와 걸어갈 때도 알 수 있습니다. 빗방울은 수직으로 떨어지지만 우리가 앞으로 나아가기 때문에 그렇게 느껴지는 것입니다.

지구는 매시 약 10만 8,000킬로미터의 속도로 태양 주위를 달리고 있습니다. 그러므로 지구를 향해 비치는 별빛도 빗방울처럼 앞에서 오는 것처럼 관측됩니다. 이런 현상을 '광행차'라고 하는데, 영국의 천문학자 제임스 브래들리는 1728년에 이러한 현상을 이용하여 지구가 태양 둘레를 공전한다는 것을 증명했습니다.

질문 30.
중력이란 어떤 힘인가요?

세상의 모든 물체는 다른 물체를 서로 끌어당기는 힘을 가지고 있으며, 이러한 힘을 중력 또는 인력이라 합니다. 태양이 주변의 행성들을 끌어당기는 힘, 지구가 달을 끌어당기는 힘, 달이 바다의 물을 끌어당기는 힘,

지구가 사과를 땅으로 떨어지도록 하는 힘, 이 모든 것이 중력입니다. 자기의 몸무게란 지구의 중력이 자신에게 작용하는 힘이랍니다.

지구와 태양 사이라든가, 달과 지구 사이의 거리가 늘 일정하게 유지되는 것은 서로 간에 작용하는 중력이 균형을 이루고 있기 때문입니다. 그리고 지상에 있는 모든 물질과 공기까지 지구의 중력 때문에 우주 바깥으로 날아가지 않고 있습니다.

이러한 중력은 물체의 질량이 클수록 강합니다. 또한 중력은 두 물체 사이의 거리가 가까울수록 강하고 멀면 약하게 작용합니다. 달에 내린 우주비행사가 무거운 우주복을 입고 훌쩍훌쩍 뛸 수 있었던 것은 달의 중력이 지구에서보다 훨씬(약 6분의 1) 작았기 때문입니다.

중력이라든가 원심력은 왜 생겼느냐고 질문한다면, 과학자들도 대답할 수 없습니다. 중력, 원심력, 자력, 전기력, 원자핵의 핵력 등은 자연의 본성입니다.

질문 31.
다른 천체에 가면 나의 몸무게는 얼마나 될까요?

앞 질문에서 달에 가면 자기 체중이 6분의 1로 준다고 했습니다. 다른 천체에 갔을 때 자신의 체중을 미리 아는 간단한 방법이 있습니다.

지구의 중력을 1이라고 했을 때 태양의 중력은 17.9, 달은 0.16입니다. 그 외 수성은 0.37, 금성은 0.88, 화성은 0.38, 목성은 2.64, 토성은 1.15, 천왕성은 0.93, 해왕성은 1.22, 명왕성은 0.06입니다.

만일 독자가 화성에 간다면, 자신의 체중에 화성의 중력비율인 0.38을 곱하면 됩니다. 즉 여러분의 체중이 45킬로그램이라면,

$45 \times 0.38 = 27.1$,

화성에서 잰 독자의 체중은 27.1킬로그램이랍니다.

사진 31. 지상에서 체중이 80킬로그램이던 우주비행사가 달에 내리면 12.8킬로그램이 됩니다.

제 2 장

태양, 행성, 혜성

질문 32.
태양과 행성은 언제 어떻게 탄생하게 되었습니까?

과학자들은 여러 가지 과학적인 지식을 종합해볼 때, 태양계의 나이는 약 46억년이라고 추정합니다. 사진 5를 봅시다. 이것은 별자리 가운데 오리온자리에서 보이기 때문에 '오리온성운'이라 부르는 것입니다. 이것은 가스와 먼지가 거대한 구름처럼 모여 있는 것입니다. 태양은 우주의 이런 가스와 먼지가 중력 때문에 서로 뭉쳐 탄생하게 되었습니다.

사진 32. 이 사진에는 태양과 태양의 가족인 행성 8개가 나타나 있습니다.

우주의 먼지와 가스가 태양이 되기까지는 수백만 년의 세월이 걸렸습니다. 즉 먼지와 가스의 구름 속 원자들이 서로 만나 충돌하면 열이 발생했습니다. 원자들이 더 많이 모일수록 열은 높아졌고, 중심부는 뜨거운 동시에 높은 압력을 받았습니다. 드디어 원자들이 모인 거대한 원시 태양은 내부 온도가 수백만도에 이르렀고, 이때부터 수소의 원자가 서로 만나 헬륨이 되는 핵융합반응이 일어났으며, 그 결과 에너지인 열과 빛을 방출하는 태양이 되었습니다.

한편 태양이 만들어질 때, 주변의 뜨거운 가스 일부가 뭉쳐져 수성, 금성, 지구, 화성, 목성, 토성, 천왕성, 해왕성 이렇게 8개의 행성이 만들어지고, 행성 주위를 도는 달(위성)과 기타 수많은 소행성과 혜성 등이 만들어졌습니다.

태양계에서 가장 바깥에 있는 명왕성은 오래도록 9번째 행성의 하나로 취급되어 왔습니다. 그러나 명왕성이 해왕성 주위를 돌던 달 하나가 떨어져 나간 것이라고 인정되면서, 행성에서 제외되었습니다.

질문 33.
태양은 어떤 천체이기에 늘 빛과 열을 냅니까?

태양은 밤하늘에 반짝이는 별(항성)과 다르지 않은 별 중의 하나입니다. 다른 별도 그렇지만, 태양도 가스와 먼지의 구름으로부터 만들어졌습니다. 가스와 먼지가 모이게 되면서 그 중력이 더욱 강해지고, 그 결과 더 많은 입자들이 뭉치게 되었습니다. 거대한 덩어리의 중심부 압력과 온도가 높아지면서 원자의 핵들 사이에 핵융합반응이 일어나면서 드디어 태양이 하나의 별이 되었습니다.

태양은 수소가 4분의 3을 차지하고, 나머지 4분의 1은 헬륨이 거의 차지하며, 다른 물질은 아주 조금 섞여 있습니다. 핵융합반응이란 태양 중심부에 있는 수소의 핵이 헬륨의 핵으로 변하면서 막대한 에너지를 방출하는 것입니다.

다른 별들은 거리가 멀어 점의 크기로 보이지만, 태양은 1억5,000만 킬로미터 거리에 있습니다. 둥그런 가스 덩어리인 태양에서는 엄청난 열과 빛이 나오고 있습니다. 태양의 직경은 139만 3,294 킬로미터이며, 질량은 지구의 33만 2,000배랍니다. 태양의 크기를 다른 별들과 비교하면 중간에 듭니다.

지구에서는 태양에서 오는 에너지에 의해 물이 순환하면서 기상변화가 생기고, 식물은 광합성을 합니다. 태양에서 나오는 전체 에너지 중에서 지구가 받는 양은 20억분의 1에 불과합니다. 그렇지만 그 에너지로 지구상의 모든 생명체가 육지와 바다에서 번성하고 있습니다.

사진 36. 태양이 완전히 가려지는 개기일식 때는 태양 표면의 모습을 관찰하기 좋습니다.

질문 34.
태양에서는 핵융합반응이 언제까지 일어날 것인가요?

앞 질문에서 핵융합반응이 무엇인지 간단히 설명했습니다. 수소 원자 2개가 결합하여 핵융합반응을 일으키면, 1개의 헬륨 원자가 생겨나면서 막대한 에너지(빛과 열)가 나온답니다. 이 때 나오는 에너지의 양을 아인슈타인 박사는 $E = MC^2$ 이라는 유명한 식으로 나타냈습니다. 이것은 핵융합반응이 일어나면 물질의 질량이 조금 줄어드는 대신 에너지가 나오게 된다는 것을 나타냅니다.

핵융합반응이 일어나는 태양의 중심부 온도는 수백만 내지 수천만도에 이르며, 매초 약 400만 톤의 수소가 헬륨으로 바뀌고 있습니다. 이 때 발생하는 에너지는 4조개의 100와트 전구를 동시에 밝힐 수 있답니다.

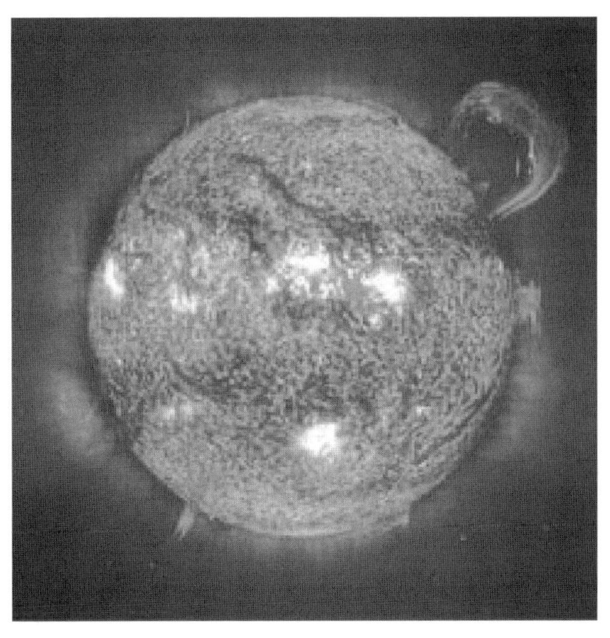

사진 34. 핵융합반응이 일어나고 있는 태양의 표면 모습을 특별한 방법으로 찍은 것입니다.

현재 태양은 75%가 수소이고, 25%는 헬륨이랍니다. 과학자들의 계산에 의하면 약 10억년이 지나면 수소의 양이 35%로 줄어들 것이라고 합니다. 현재 태양의 나이는 약 46억년이고, 앞으로 50~60억년 정도 더 빛나고 나면, 수소가 다 소모되어 태양의 수명도 끝날 것이랍니다.

태양의 온도는 겉과 속이 다릅니다. 표면 쪽은 섭씨 5,500도이고, 핵반응이 일어나는 중심부는 약 1,500만도입니다. 이러한 태양도 핵반응 연료인 수소가 다 없어지면, 식어서 빛과 열이 나지 않는 죽은 천체가 됩니다.

질문 35.
태양계의 크기는 얼마나 되나요?

은하의 크기라든가 다른 천체까지의 거리는 킬로미터로는 표현할 수 없도록 멀답니다. 천문학에서는 거리를 나타낼 때 '광년'이라는 말을 주로 사용합니다. 빛은 1초에 30만(정확하게는 299,792) 킬로미터를 갑니다. 태양에서 나온 빛이 지구까지 오는 데는 약 8분 24초가 걸리지요. 1광년은 빛이 1년 동안 갈 수 있는 거리인 약 9조5천억 킬로미터를 나타냅니다. 태양계는 우리 은하계의 극히 일부를 차지하지만, 그 크기는 빛의 속도로 표현해야 합니다. 태양에서 가장 멀리 있는 천체인 명왕성은 태양으로부터 빛의 속도로 5시간 18분이 걸리는 거리에 있습니다. 그러므로 태양계의 반지름은 적어도 명왕성까지의 거리만큼은 될 것입니다.

지구는 태양으로부터 약 1억5,000만 킬로미터 떨어져 있습니다. 천문학자들은 태양과 지구 사이의 거리를 '1AU'라고 표시합니다. 예를 들어 타원 궤도를 도는 명왕성까지의 거리는 가까울 때는 29AU이고, 먼 때는 49AU랍니다.

1광년은 약 9조 5천억 킬로미터

1AU는 약 1억 5,000만 킬로미터

질문 36.
태양과 지구, 달, 별은 왜 둥근가요?

온 우주는 공처럼 둥근 천체로 가득합니다. 태양의 얼굴도 원이고 보름달도 둥급니다. 지구는 물론 다른 행성들도 동그란 모양을 가졌습니다. 왜 별들은 육면체나 피라미드처럼 생긴 것이 없을까요?

천체들이 동그란 공 모양을 가지게 된 원인은 중력 때문입니다. 중력이란 모든 물체가 서로 끌어당기는 힘입니다. 중력은 물체의 질량이 많을수록 강합니다. 그런데 중력은 자석이 가진 자력처럼 강하지는 않습니다. 나란히 선 두 친구 사이에도 중력이 작용합니다. 그러나 그것을 느낄 수 없는 것은 중력이 너무 약하기 때문입니다.

여러분의 손과 연필 사이에도 중력이 작용하지만 그것을 측정할 수는 없습니다. 그러나 여러분의 손끝에서 떨어진 연필은 옆이나 위로 가지 않고 수직으로 땅에 떨어집니다. 이것은 연필이 지구의 중력에 이끌리기 때문입니다. 지구는 연필에 비해 엄청나게 크기 때문에 연필만 아니라 사람, 건물, 바다의 물 모두를 끌어당길 수 있는 충분한 중력을 가지고 있습니다.

태양이라든가 지구, 달 등의 천체가 모두 둥근 공 모양이 된 이유도 중력과 관계가 있습니다. 이들 천체가 처음 생겨날 때는 먼지와 가스의 분자였습니다. 이들은 가까운 것끼리 서로 끌어당겨 점점 큰 덩어리를 이루어갔습니다. 이때 덩어리의 중심부가 중력이 제일 강했으므로 먼지와 가스는 중심으로 몰려 공처럼 둥근 거대한 천체가 되었습니다.

지구도 같은 방법으로 생겨났습니다. 지구는 공처럼 둥글지만, 남북의 길이가 조금 짧고 적도 부분이 약간 불룩한 모양이 되었습니다. 그 이유는 지구가 자전축을 중심으로 회전하기 때문입니다. 물체가 회전하면 중력에 대항하는 원심력이 생겨 불룩해집니다.

그런데, 지구를 멀리서 보면 완전히 둥글고 매끈하게 생겼지만, 가까이서 본 지구의 표면은 높은 산도 있고 깊은 바다도 있어 표면 전체가 울퉁불퉁하다고 하겠습니다. 지구의 표면이 이렇게 된 것은 지구 표면 전체가 편편해질 만큼 중력이 크지 않았기 때문입니다. 지구보다 중력이 3분의 1 정도로 작은 화성의 표면에는 높이가 2만 3,400미터나 되는 산이 생겨나기도 했습니다(사진 36).

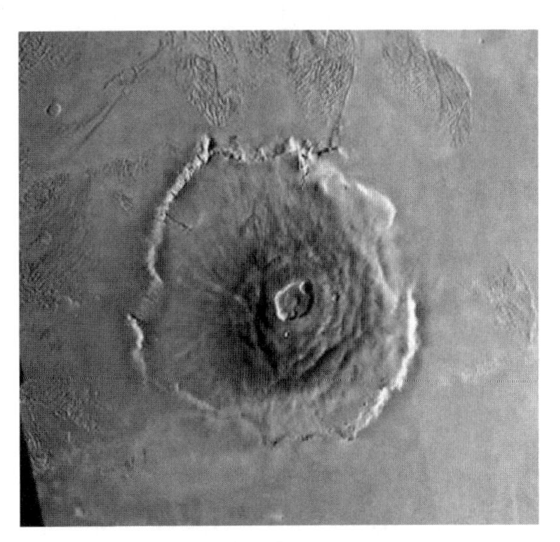

사진 36. 화성 표면에 있는 올림퍼스 화산은 높이가 2만 3,400미터나 됩니다.

만일 지구가 지금보다 10배 이상 컸더라면, 지구의 표면은 지금과 달리 완전히 둥글고 매끈했을 것입니다. 그러나 만일 지구의 중력이 현재보다 10배 크다면, 지금과 같은 모양의 동식물이 태어날 수도, 살 수도 없답니다. 그토록 강한 중력을 이기며 걸어가려면, 기린의 다리는 드럼통만큼 뚱뚱해져야 하고, 목과 키는 낮아야 할 것인데, 그런 다리로는 땅위를 제대로 걷지도 못할 것입니다.

질문 37.
태양은 어떻게 지구와 다른 행성들을 주변에 붙잡아두고 있는가요?

중력은 참으로 신비한 우주의 힘입니다. 만일 중력이라는 것이 없다면 우주의 질서는 사라지고 모든 것이 뒤죽박죽일 것입니다. 우선 지구와 다른 행성들은 태양 주위를 일정한 거리에서 돌지 못하고, 마치 당구공처럼 어디론가 날아갈 것입니다. 태양은 8개의 행성과 다른 태양계 가족들을 마치 보이지 않는 끈으로 묶은 듯이 붙잡고 있을 충분한 중력을 가지고 있습니다.

중력은 거리가 가까우면 강하게 작용하고, 멀면 약하게 작용합니다. 예를 들어 지구가 현재의 위치에서 받는 중력이 1이라고 할 때, 만일 지구가 2배 멀리 태양에서 떨어져 있다면 중력은 4분의 1만 받게 되고, 3배 거리에 있다면 중력은 9분의 1만 받게 됩니다. 그러므로 태양에서 제일 멀리 있는 해왕성은 수성이나 금성보다 중력의 영향을 매우 적게 받고 있습니다.

만일 해왕성이 지금보다 훨씬 멀리 태양과 떨어져 있게 된다면, 해왕성은 태양의 중력이라는 끈을 벗어나 우주 공간 어딘가로 날아갈 것입니다.

사진 37. 이 사진에는 목성, 토성, 천왕성, 해왕성이 나타나 있습니다.

질문 38.
제일 멀리 있는 해왕성에도 태양빛이 밝게 비치고 있을까요?

대부분의 별들은 태양보다 밝은 빛을 내고 있습니다. 그러나 그들이 가물가물 희미하게 보이는 것은 그 별과의 거리가 너무 멀기 때문이지요. 마찬가지로 태양에서 가장 거리가 먼 행성인 해왕성에서 태양을 본다면 작게 보일뿐만 아니라 그 빛도 약하게 비치고 있습니다.

태양에서 제일 가까운 수성에서 태양을 쳐다본다면, 태양의 크기는 지구에서보다 3배나 크게 보이며, 그 빛은 어찌나 밝은지 1초도 안 지나 우리를 장님으로 만들 것입니다. 그런데 수성의 하늘은 완전히 검은색입니다. 그 이유는 수성에는 빛을 만사하고 산란시켜줄 공기가 없기 때문입니다. 강력한 태양빛이 쪼이는 수성의 표면 온도는 약 450도에 이릅니다.

수성 다음에 있는 금성은 거리가 좀더 멀지만, 그 표면의 온도는 수성보다 더 뜨겁습니다. 그 이유는 금성의 표면을 이산화탄소 가스가 짙은 구름을 만들어 덮고 있으므로 온실효과가 심하게 나타나기 때문입니다. 그래서 금성의 온도는 약 500도나 된답니다.

이제 지구를 건너 화성에서 태양을 보면, 지구에서 보던 태양 크기의 3분의 2 정도로 작게 보입니다. 또한 화성에 비치는 태양빛은 지구에서보다 약하게 보입니다. 또 목성을 지나 토성에 이르면 태양은 더 작게 보이고 빛도 희미하며, 매우 춥습니다. 그래서 토성 둘레의 흰 띠는 전부 어름이지요. 제일 먼 해왕성에 이르면, 그 표면은 어둡고, 태양의 모습은 가장 밝은 별 하나인 것처럼 보일 뿐입니다.

질문 39.
태양 외의 다른 별들도 지구와 같은 행성을 거느리고 있을까요?

태양을 제외한 다른 별들은 너무 멀리 있어 아무리 큰 망원경으로 보아도 반짝이는 점으로만 보입니다. 그래서 천문학자들은 "다른 별에도 행성이 있을까?" 하고 오래도록 의문만 가질 뿐, 그것을 확인할 방법이 없었습니다. 우리 은하 속에 있는 수억 개의 별 중에는 분명히 태양처럼 행성을 가진 것이 여럿 있으리라고 짐작되지만, 그것을 조사할 방법을 찾지 못했던 거지요.

망원경을 통해 눈으로는 다른 별의 행성을 확인할 수 없으므로, 과학자들은 중력의 변화를 조사하는 방법을 연구하게 되었습니다. 1991년 드디어 영국의 천문학자들이 다른 별의 둘레에 있는 행성을 발견했다고 발표했습니다. 그들은 별과 행성 사이에 작용하는 중력 때문에 별이 조금이지만 흔들리거나, 별빛의 밝기가 주기적으로 변하거나 하는 것을 정밀하게 관측한 것입니다. 이후 우리나라를 포함한 몇 나라의 천문학자들이 행성을 가진 수십 개의 별을 발견했습니다.

태양처럼 행성을 가진 다른 별이 확인됨에 따라, 많은 과학자들은 그러한 병의 주변에 있는 행성 중에는 지구처럼 생명체가 탄생하여 사는 것도 있을 것이라고 생각한답니다.

질문 40.
태양의 흑점은 무엇입니까?

태양의 표면에는 언제나 몇 개의 검은 점이 보입니다. 이들 흑점은 모양과 위치가 변하며, 사라지고 다시 나타나기도 합니다. 그것이 왜 생기는지에 대한 답은 아직 확실하게 알지 못하고 있습니다. 다만 흑점 부위가 어둡게 보이는 것은 그곳의 온도가 주변보다 낮기(약 4,000도) 때문이며, 흑점 부위는 강력한 자장이 생겨나 있습니다. 그러므로 태양에 유난히 흑점이 많이 생기는 때는 강력한 자장의 영향으로 지구상에서 이루어지는 전파 방송과 통신에 다소 장해를 주기도 합니다.

태양이 수평선상에서 안개를 뚫고 막 떠오를 때나 질 때는 태양의 빛이 약하여 흑점을 맨눈으로 잠시 볼 수 있습니다. 보통 때 흑점을 보려면 일식을 관측할 때와 같은 방법(질문 73 참조)을 써야 합니다.

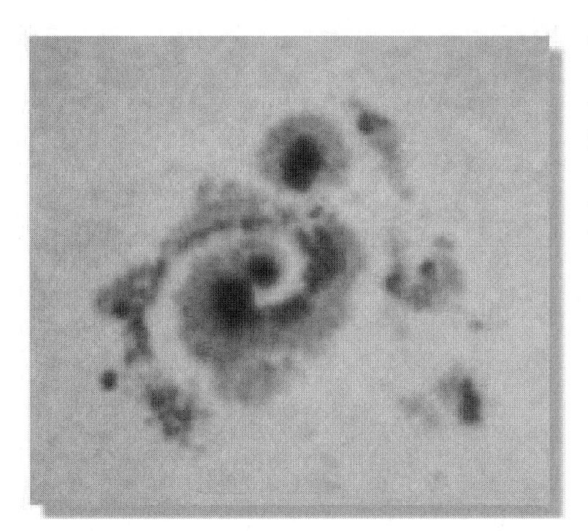

사진 40. 키트피크 태양관측소의 망원경으로 촬영한 나선형의 태양 흑점. 이 흑점의 크기는 약 8만킬로미터로, 지구의 직경보다 6배나 됩니다. 어떤 흑점은 지구 크기보다 10배나 되기도 합니다.

질문 41.
각 행성은 어떻게 하여 지금과 같은 이름을 가지게 되었습니까?

태양의 둘레를 도는 8개 행성의 우리말 이름은 각각 수성(水星), 금성(金星), 지구(地球) 화성(火星), 목성(木星), 토성(土星) 천왕성(天王星), 해왕성(海王星)입니다. 그런데 이들의 영어 이름은 지구(earth)를 제외하고 나머지는 모두 고대 그리스와 로마의 신과 여신 이름을 붙이고 있습니다. 예를 들어 목성 주피터(Jupiter)는 하늘을 지배하는 로마의 신입니다. 고대 로마와 그리스에는 신화가 많았습니다. 로마와 달리 그리스 신화에서는 하늘의 지배자를 제우스(Zeus)라 하지요. 어떤 책에서 혹성이라는 말이 나온다면, 그것은 행성의 일본어입니다.

질문 42.
태양계에는 지구와 환경이 비슷한 행성이 있나요?

과학자들은 태양계의 행성 8개가 거의 동시에 만들어졌다고 생각합니다. 행성 가운데 수성, 금성, 지구, 화성 4개는 암석과 금속으로 만들어졌기 때문에 '지구형 행성'이라 하고, 목성, 토성, 천왕성, 해왕성은 헬륨이나 수소와 같은 기체로 구성되어 있기 때문에 '가스상 행성'이라 합니다. 가스 상태의 행성도 그 중심부는 액체 상태이거나 암석이 있을 것이라고 생각합니다.

행성들은 크기라든가 자전시간, 공전시간, 구성 성분 등이 각기 다릅니다. 예를 들어 목성은 지구보다 직경이 11배나 크답니다. 그러므로 목성은 지구가 1,000개나 들어갈 정도의 크기를 가졌습니다. 이렇게 큰 목성이지만 자전 속도는 엄청 빨라 9시간 55분 만에 1회전(지구는 24시간 만에 1회전)합니다. 한편 목성이 태양 둘레를 공전하는 데는 4,333일(지구는 약 365일) 걸린답니다. 반면에 수성은 자전 속도가 아주 느려 약 59일 만에 1바퀴 자전하고, 태양의 둘레는 88일(수성의 1년) 만에 돕니다.

지구와 환경이 다소 비슷한 행성은 화성입니다. 그 표면에는 산과 계곡이 있고 화산도 보입니다. 대기도 희박하지만 있으며, 그 표면에는 물이 흘러간 자국도 보입니다. 그래서 화성에는 하등한 생명체가 존재할 가능성이 있다는 생각을 조금은 가지고 있습니다 (질문 46 참조).

질문 43.
수성은 어떤 행성이며 그 표면에는 왜 많은 구멍이 생겨났습니까?

수성은 태양에 가장 가까우면서 크기가 제일 작은 행성입니다. 수성은 태양에 근접해 있는 탓으로 그 표면은 낮 온도가 섭씨 430도까지 오르고, 밤에는 영하 180도까지 내려가는 매우 뜨겁기도 하고 차기도 한 바싹 마른 행성입니다.

수성을 눈으로 보았다는 사람은 아주 드뭅니다. 왜냐하면 수성은 태양에 가까운 궤도를 돌고 있어 중천까지 오지 못하므로, 해가 뜨기 직전이나 해가 진 직후에 수평선 가까운 곳에서만 볼 수 있기 때문입니다. 1974년에 미국의 우주탐사선 마리너 10호가 처음으로 수성에 접근하여 환경을 조사하면서 그곳의 사진을 찍었습니다. 수성의 표면은 황량하고 바위투성이였으며, 긴 세월 동안 유성(별똥별)과 혜성이 수없이 떨어져 큰 구멍들이 패여 있었습니다. 수성에는 공기가 전혀 없습니다. 중력이 너무 작아 공기를 붙들어둘 수 없답니다.

사진 43. 마리너 10호가 촬영하여 합성한 수성의 모습입니다. 희게 나온 부분은 촬영하지 못한 지역입니다.

질문 44.
금성은 어떤 행성이기에 망원경으로 표면을 볼 수 없나요?

사람들은 어떤 분야에서 가장 인기 있는 사람을 '스타(별)라 부르고 있습니다. 만일 누군가를 두고 "샛별처럼 떠오른다."고 말한다면, 그가 크게 발전할 대단히 인기 있는 사람임을 나타냅니다. 샛별은 금성의 우리말 이름입니다. 샛별은 밤하늘에 보이는 천체 가운데 달 다음으로 밝게 보입니다. 그러므로 초저녁 서쪽 하늘이나 새벽 동쪽 하늘에 유난히 밝은 천체가 보인다면 그것은 금성일 것입니다.

금성은 지구와의 거리가 가장 가까운 행성이며, 크기도 지구와 비슷합니다. 금성을 망원경으로 보면, 매우 작은 초승달처럼 보이는데, 그 이유는 둥근 달이 초승달 모양으로 보이는 원인과 같습니다. 금성의 대기는 이산화탄소로 가득하며, 아주 짙은 구름이 덮고 있습니다. 구름의 성분은 황과 수소, 산소의 혼합물인 황산이며, 그 구름은 마치 1,000미터 물속의 압력에 해당할 정도로 두텁고 무겁습니다.

이런 짙은 구름 때문에 망원경으로는 금성의 표면을 관찰할 수 없습니다. 뿐만 아니라 금성 표면에서는 태양도 보이지 않습니다. 항상 번개가 치고 천둥이 울며 황산의 비가 내립니다. 이산화탄소가 가득한 금성 표면은 온실효과에 의해 태양에너지가 나가지 않고 쌓여 섭씨 약 480도라는, 종이가 저절로 검게 그을릴 정도의 온도가 되기도 합니다.

사진 44-1. 금성의 표면은 구름으로 덮여 있어 표면을 볼 수 없기 때문에 탐사선은 전파를 사용하여 레이더 사진을 찍었습니다.

사진 44-2. 금성이 태양 앞을 지나가기 시작했습니다. 이러한 기회는 매우 드물어 2004년에 볼 수 있었고, 다음에는 2012년에 관찰할 수 있습니다.

미국의 행성탐사선 파이오니어가 구름으로 덮인 금성 표면에 내려 찍은 사진을 보면, 거기서는 화산활동과 지각변동이 지금도 일어나고 있으며, 히말라야 같은 높은 산들도 있습니다. 1980년~90년대에 미국이 보낸 '마젤란'이라는 탐사선은 레이더를 이용하여 금성의 표면 전체를 매우 자세하게 촬영했답니다.

질문 45.
화성은 왜 붉은색으로 보입니까?

화성은 태양 둘레를 도는 4번째 행성입니다. 화성(火星)이란 이름은 그 색이 붉기 때문에 붙여졌습니다. 화성은 크기가 지구의 반 정도이며, 자전축이 지구처럼 약간 기울어 있어 4계절이 있습니다. 그러나 공기는 아주 조금 뿐이고, 그나마 이산화탄소가 대부분이며, 표면은 메마른 땅입니다.

화성의 표면 온도는 평균 영하 53도 정도로 추운 곳입니다. 화성의 표면이 붉은 이유는 흙 속에 붉은색을 가진 산화철(쇠의 녹 성분)이 많이 섞인 탓입니다. 화성의 극 지역에는 흰 얼음이 덮여 있는데, 얼음의 성분은 물이 언 것과 이산화탄소가 언 드라이아이스가 섞인 것으로 생각하고 있습니다.

화성에는 '올림퍼스'라고 이름 지은 태양계에서 가장 높은 화산(활동은 중지)이 있는데, 그것의 높이는 1만 4,000미터에 이르고, 직경은 480킬로미터나 됩니다(화성에 이처럼 높은 산이 생길 수 있었던 이유는 질문 36 참조).

화성 주변에는 '포보스'와 '다이모스'라는 2개의 달이 돌고 있습니다. 두 달은 크기도 작고 모양도 이상하게 생겼습니다. 그래서 과학자들은 지

사진 45-1. 2006년에 화성 표면에서 사람 얼굴을 닮은 지형이 촬영되었습니다. 과학자들은 이곳을 '화성의 얼굴' 이라 부릅니다.

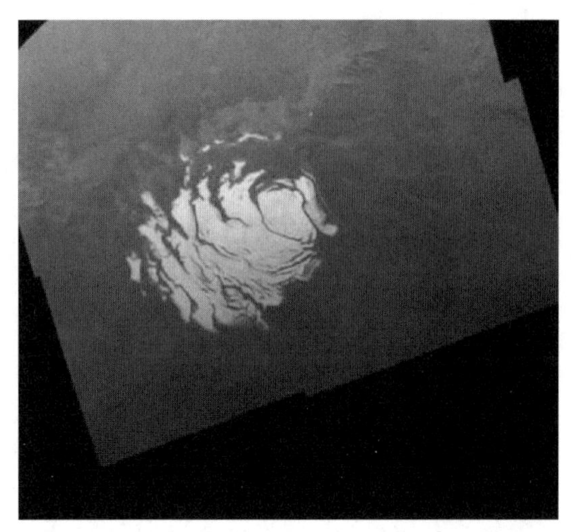
사진 45-2. 화성의 남극은 사진과 같이 이산화탄소와 물이 언 얼음이 뒤덮고 있습니다.

나가던 소행성이 화성의 인력에 끌려들어 달이 되었다고 생각합니다.

질문 46.
화성에는 생명체가 살고 있지 않나요?

지난날에는 화성에 지능을 가진 고등동물이 살고 있을지 모른다고 하여, 화성인이 지구인을 공격하는 영화가 만들어지기도 했습니다. 그러나 곧 과학자들은 화성에 커다란 식물이나 고등한 동물이 살지 않는 것은 확실하지만, 지구에서 관찰할 수 없는 작고 하등한 생명체가 살거나, 매우 원시적인 미생물이 땅 속에 있을지 모른다는 생각을 가지고 있었습니다.

이러한 의문을 풀기 위해 미국의 항공우주국에서는 1960년대에 '마리너'라는 탐사선을 화성 근처에 보내 표면의 사진을 찍고 환경을 조사했습니다. 그때도 과학자들은 아무런 증거를 찾지 못했습니다. 그러나 화성

대기 중에 소량 포함된 메탄가스가 화성의 미생물이 만들어낸 것은 아닌지 확인하고 싶었습니다.

그래서 과학자들은 화성 표면이나 지하에 생명체가 있는지 확인하기 위해 1970년대에 2대의 바이킹 우주선을 화성 표면에 내려 보냈습니다. 그러나 이때도 생명체를 찾는 데는 실패했습니다. 1990년대에는 '패스파인더'를, 그리고 2000년대에는 '스피릿'과 '오퍼튜니티' 등의 탐사선을 화성에 보냈습니다. 그러나 그곳 토양에서는 지금까지 어떤 미생물이나, 미생물의 화석조차 발견하지 못했습니다.

화성 표면에는 물이 흐른 듯한 흔적이 있어, 과거에는 온도가 지금보다 따뜻하여 물이 흐르고, 생명체가 존재했을지도 모른다는 생각을 아직 버리지 못하고 있습니다. 그러므로 화성 생명체를 찾으려는 시도는 앞으로도 계속될 전망입니다.

사진 46. 허블 우주망원경으로 촬영한 화성의 표면 모습입니다. 물이 흐른 자국을 볼 수 있습니다.

질문 47.
목성 표면에는 왜 거대한 붉은 점이 있습니까?

밤하늘에서 달과 금성 다음으로 밝게 보이는 것이 목성입니다. 목성의 밝기는 −2.8등이랍니다. 태양으로부터 5번째 궤도를 도는 목성은 거대한 가스 덩어리이고, 중심부만 단단한 고체입니다. 목성을 이루는 가스의 성분은 대부분 수소이고, 일부 헬륨과 다른 성분도 섞여 있습니다. 이처럼 가스로 된 목성은 약 10시간 만에 1바퀴씩 빠르게 회전합니다. 그러므로 그 표면에서는 끊임없이 매우 복잡하게 강한 바람이 일고 있으며, 그 때

사진 47. 목성과 지구의 크기를 비교하여 나타낸 사진입니다. 목성의 대적점은 거대한 폭풍의 소용돌이 입니다.

문에 표면에서는 줄무늬가 다양하게 나타나기도 합니다.

목성을 보여주는 사진을 보면 언제나 커다란 붉은 점(대적점)이 있습니다. 목성의 대적점은 약 300년 전 망원경으로 처음 발견했을 때부터 신비한 존재였습니다. 그러나 지금은 그것이 일종의 거대한 폭풍의 소용돌이라는 것을 알고 있습니다. 이 폭풍의 크기는 지구보다 2배나 커답니다. 이것이 붉게 보이는 것은 가스에 섞인 화학물질이 햇빛을 받아 붉은색으로 변했기 때문이라고 생각합니다.

1979년에 목성에 접근한 탐사선 '보이저'호는 목성 둘레에도 토성처럼 테가 있는 것을 발견했습니다. 그러나 그 테는 토성처럼 두텁지 않고 매우 희미하여 지상의 망원경으로는 볼 수 없었던 것입니다. 1995년에는 목성 탐사선 '갈릴레오'호가 근접하여 그곳의 여러 가지 환경을 조사했습니다. 이때 목성에는 지구상의 어떤 태풍보다 강한 바람이 끊임없이 불고 있는 것을 알았습니다.

질문 48.
목성에는 위성(달)이 몇 개나 있으며, 위성도 가스로 구성되어 있나요?

목성을 작은 망원경으로 보면, 그 주위를 도는 4개의 위성(달별)을 볼 수 있습니다. 목성의 달들이 빙빙 도는 것을 관측하는 것은 매우 흥미롭습니다. 1610년에 갈릴레이가 처음 발견하여 '갈릴레이의 달' 또는 '갈릴레이 위성'이라고 부르는 이 위성들의 이름은, 목성에 가까운 것부터 아이오(이오), 유로파, 가니미드(가니메데), 칼리스토라 합니다. 목성에는 4개의 큰 위성 외에 적어도 59개의 매우 작은 위성들이 있는 것으로 알려져 있습니다.

목성의 위성 가운데 아이오는 지구의 달 크기와 비슷하며, 그 표면은 화산재와 용암으로 덮여 있습니다. 우주탐사선이 찍은 아이오의 사진에서는 활동 중에 있는 화산이 10개나 보였으며, 그 중에 4개는 용암까지 흘러나오고 있었습니다. 아이오의 화산에서 분출되는 용암은 지구와 달리 액체 황산이랍니다. 아이오를 찍은 사진 중에는 화산 분출물이 공중으로 27킬로미터나 높이 올라간 것도 있었습니다.

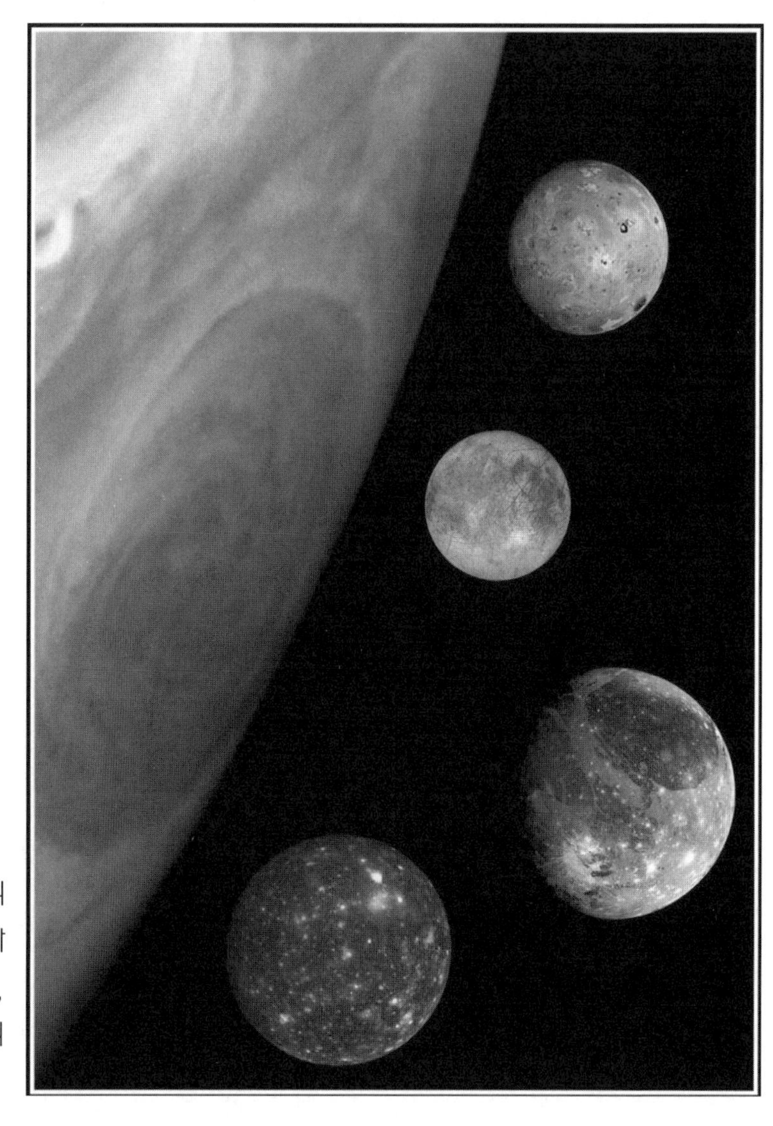

사진 48. 목성과 4개의 큰 위성을 하나로 보여주는 합성 사진입니다. 위에서부터 아이오, 유로파, 가니미드, 칼리스토입니다.

질문 49.
토성 둘레에는 왜 테가 둘러싸고 있습니까?

갈릴레이는 1610년에 토성을 맨 먼저 발견했습니다. 그러나 그의 망원경은 매우 작았기 때문에 테가 있다는 것을 확인하지 못했습니다. 그러나 네덜란드의 천문학자 크리스티안 호이겐스(1629~1695)는 1659년에 훨씬 성능이 좋은 망원경으로 토성 둘레에 테가 있는 것을 발견했습니다. 그리고 토성의 테 중간에 틈이 있다는 사실은 1675년 진 도메니크 카시니가 발견했습니다.

토성은 지구로부터 9.5AU(질문 35 참조) 거리에 있습니다. 작은 망원경으로 토성을 관찰하는 사람은 누구나 토성 둘레를 빙 두른 테를 보고 아름다운 모습에 탄성을 지릅니다. 태양으로부터 6번째 행성인 토성은 그 지름이 지구의 9배쯤 되며, 태양의 둘레를 29.5년 만에 한 바퀴 돕니다.

토성은 수소와 헬륨으로 구성된 가스 상태의 천체여서 크기에 비해 매우 가볍습니다. 과학자들은 토성의 테가 왜 생겼는지 이유를 잘 알지 못합니다. 토성의 테는 두께가 1.5킬로미터 정도로 얇으며, 토성이 가스와 먼지로 이루어진 소용돌이 구름 속에서 처음 그 모양이 만들어지고 있을 때, 먼지 구름 일부가 토성 본체와 합쳐지지 못하고 주변에서 테를 이루게 되었을 것이라고 생각합니다. 토성 테의 성분은 주로 얼음과 바위 조각인데 눈송이처럼 작은 것에서부터 집체만한 것까지 크기가 다양합니다.

토성에서는 지금까지 50개 정도의 달이 발견되었습니다. 토성의 달 중에 가장 큰 것은 '타이탄'이라 부르는 위성입니다. 2006년에는 지구를 떠난 지 7년 만에 토성 탐사선 '카시니'호가 토성 근처에 이르렀습니다. 이때 카시니호로부터 낙하산에 매달려 타이탄에 떨어진 '호이겐스'라는 로봇 탐사선은 타이탄의 모습과 환경을 더욱 정밀하게 조사했답니다. 그때 토성의 상공에서는 수소와 헬륨의 폭풍이 불고 있었으며 지구에서 발생하는 번개보다 1백만 배나 강력한 번개가 치는 것도 발견되었습니다.

토성 탐사선에 '카시니', '호이겐스'와 같은 이름을 붙인 것은 화성을 처음 관찰한 과학자들을 기리기 위한 것입니다. 한편 과거에는 토성만 테를 가진 행성인줄 알았습니다. 그러나 목성과 천왕성, 해왕성에도 희미한 테가 있는 것이 확인되었습니다.

사진 49-1. 카시니의 이름을 딴 토성탐험선 '카시니호' 는 토성의 자세한 모습을 알려왔습니다. 이 사진은 카시니호가 보낸 사진 자료를 미국 항공우주국의 과학자들이 합성하여 만든 것으로, 아름다운 토성의 테가 매우 많은 것을 보여줍니다.

사진 49-2. 토성의 테 중간에 있는 틈을 '카시니선' 이라 부릅니다. 이것은 카시니가 토성의 테가 두 개라는 것을 처음 발견했기 때문에 그의 이름을 딴 것입니다. 사진 앞 쪽 중앙에 토성의 위성 타이탄이 보입니다.

질문 50.
천왕성은 어떤 행성입니까?

토성보다 더 바깥 궤도를 돌고 있는 천왕성은 영국의 천문학자 윌리엄 허셸이 1781년에 처음으로 발견했습니다. 천왕성은 매우 천천히 태양 둘레를 돌고 있어, 한 바퀴 공전하는데 84년보다 긴 시간이 걸립니다.

천왕성을 탐사한 우주선 보이저호는 1977년에 천왕성에도 여러 겹으로 둘러싼 테가 있는 것을 발견했습니다. 테의 성분은 대부분 먼지랍니다. 천왕성 둘레에는 적어도 22개의 달이 돌고 있습니다.

사진 50. 영국의 천문학자 윌리엄 허셸은 천왕성이 태양 둘레를 도는 행성의 하나인 것을 1781년에 처음으로 발견했습니다.

질문 51.
해왕성은 어떤 행성입니까?

해왕성은 태양 둘레를 도는 8번째 마지막 행성이며, 1846년에 처음 발견되었습니다. 해왕성은 너무 멀리 떨어져 있어, 1984년까지만 해도 과학자들은 자세한 모습을 알지 못했습니다. 그러나 이 해 우주탐사선 '보이저 2호'가 해왕성의 근접사진과 함께 그 달인 '트리톤'(지구의 달 크기의 4분의 3)을 찍은 사진 수천 장을 43억킬로미터 떨어진 지구까지 보내왔습니다. 이 일을 끝내고 보이저 2호는 영원히 머나먼 우주공간 속으로 여행을 떠났습니다.

보이저 2호가 보낸 자료에 따르면, 해왕성은 메탄 구름으로 덮여 있었고, 태양계에서 가장 빠른 폭풍(시속 2만 1,000킬로미터)이 불었습니다. 참으로 신기한 것은 트리톤에 관한 것이었습니다. 다른 행성의 달과 달리

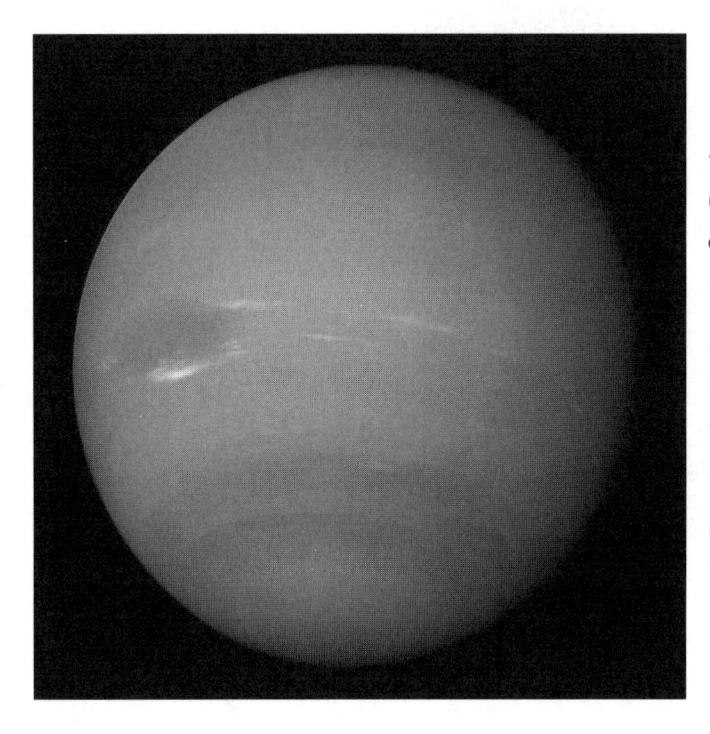

사진 51. 해왕성은 영어로 넵튠(Neptune)이라 하며, 로마 신화에 나오는 '바다의 신' 이름입니다. 바다의 신은 '포세이돈' 이라 부르기도 합니다. 해왕성에는 강한 바람이 불어 목성의 대적점 비슷한 현상도 나타납니다. 해왕성은 태양과의 거리가 너무 멀어 지구가 받는 태양에너지의 1,000분의 1 정도만 받고 있습니다.

트리톤에는 운석이 떨어진 자국이 하나도 없고 멜론 껍질처럼 거칠게만 보였습니다. 천문학자들은 그 모습 때문에 트리톤의 표면을 '멜론의 땅'이라 부르기도 합니다. 더욱 놀랍게도, 트리톤은 온도가 섭씨 영하 218도까지 내려가는 태양계에서 가장 추운 세계이지만, 활동 중인 화산을 가지고 있었습니다. 그 화산은 지구처럼 뜨거운 용암을 뿜어내는 것이 아니라 차가운 액체질소를 분출했습니다.

질문 52.
명왕성은 왜 행성 가족에서 제외되었습니까?

1930년 명왕성이 처음 발견된 이후 2006년 8월까지, 명왕성은 해왕성 다음의 먼 궤도에서 태양의 둘레를 도는 9번째 행성으로 인정되어 왔습니다. 그러나 이해 세계의 천문학자들로 구성된 국제천문학회는 명왕성을 행성에서 제외하고, '왜행성'이라는 다른 종류의 천체로 분류하게 되었습니다. 명왕성이 행성의 대열에서 밀려난 이유는 크기가 달의 3분의 2 정도로 너무 작기도 하려니와, 그 궤도가 다른 8개 행성과는 아주 다른 긴 타원인 점 등이었습니다.

지금까지 명왕성에 접근하여 조사한 우주탐사선은 없습니다. 그러나 2006년 미국 항공우주국(NASA)은 '뉴호라이즌스'라는 로봇 탐사선을 명왕성으로 보냈습니다. 이 탐사선이 명왕성에 접근하는 때는 2017년 7월이랍니다.

질문 53.
맨눈으로 행성을 쉽게 찾으려면 어떻게 합니까?

만일 서로 경쟁하듯이 반짝거리는 별 사이에 반짝이지 않는 천체가 있다면, 그것은 금성이나 화성, 목성, 토성과 같은 행성일 것입니다. 다른 별들은 아무리 밝고 크게 보일지라도 거리가 멀기 때문에 실제로는 모두 점의 빛입니다. 이런 점의 빛은 공기의 흔들림에 따라 반짝거리는 것처럼 보입니다.

행성을 작은 망원경으로 보면 좁쌀이나 콩알처럼 작게 보입니다. 그러나 작지만 크기를 가졌으므로 그것은 많은 점이 모인 것입니다. 각 점은 각기 반짝이더라도 서로 다르게 흔들리므로 서로 상쇄되어 전체적으로는 반짝거리지 않는 것처럼 보입니다. 행성 외에 반짝이지 않는 천체가 있다면, 그것은 인공위성일 것입니다. 인공위성은 별자리 사이를 빠르게 이동하기 때문에 별과 곧 구별됩니다.

항성(별)들은 언제나 같은 별자리를 지키고 있습니다. 그러나 행성들은 태양의 둘레를 저마다 다른 거리에서 다른 속도로 돌고 있으므로 매일 밤 조금씩 별자리 사이를 이동하고 있습니다.

다음과 같은 요령으로 하늘에서 행성을 쉽게 찾아봅시다.

1) 행성들은 동쪽에서 서쪽으로 하늘 중앙을 잇는 선을 따라 볼 수 있습니다.

2) 다른 별들은 반짝거리지만 행성들은 거의 반짝이지 않습니다.

3) 4개의 행성은 다른 별에 비해 밝게 보이는 천체입니다. 그 가운데 금성은 가장 밝고, 다음으로 목성, 토성, 화성 순입니다. 특히 화성은 붉은색이어서 쉽게 구분할 수 있습니다. 때때로 화성이 지구와 가까운 궤도를 돌 때가 있습니다. 이런 때(화성 대접근 시기)는 화성이 토성보다 더

밝게 보입니다.

질문 54.
다른 행성이나 외계에 생명체가 있을까요?

생명체가 존재할 가능성이 가장 높아 보이는 화성에 우주탐험선을 보내 몇 차례 조사했으나 생명체가 확인되지는 않았습니다(질문 46 참조). 또한 미확인비행체(UFO)를 보았다는 이야기가 끊임없이 나오고 있지만, 확실한 증거는 아직 발견되지 않았습니다. 그러나 은하계의 수백억 개나 되는 별 중에는 지구와 환경이 비슷한 행성을 가진 것이 있을 것이며, 거기에는 생명체가 존재할 가능성이 있다고 생각합니다.

과학자들은 1960년부터 지능을 가진 외계 생명체를 찾는 '세티'(SETI)라는 프로그램을 추진해오고 있습니다. 연구에 참가한 과학자들은 우주로부터 오는 전파를 수신하여 혹시 그 속에 외계인이 보낸 정보가 있는지 분석하는 한편, 지구로부터 우주를 향해 메시지가 담긴 전파를 보내기도 합니다. 전파는 빛보다 더 멀리 나아갈 수 있습니다. 만일 50광년 거리에 있는 천체의 지능 생명체가 지구인의 신호를 받고, 전파로 답신을 보내온다면 다시 50년이 더 걸려 지구까지 오게 될 것입니다.

1991년 이후 천문학자들은 태양처럼 행성을 가진 별을 계속하여 찾아내고 있으며, 그러한 별의 행성 중에는 생명체가 분명히 있을 것이라고 생각합니다. 우주의 생명체에 대한 연구는 이제 시작일 뿐입니다. 천문학 연구는 특히 많은 시간이 필요한 과학이기도 합니다.

사진 54. 1967년 미국 뉴멕시코 주에서 촬영되었다는 UFO사진입니다. UFO를 보았다거나 사진으로 찍은 것은 많이 있으나 아직 그 존재는 확인되지 않고 있습니다.

질문 55.
혜성은 어떤 천체이며 어디로부터 오나요?

희미한 흰색의 긴 꼬리를 뒤로 날리며 밤하늘을 가로지르는 혜성은 사람들의 관심을 많이 끄는 천체입니다. 혜성도 태양계 안에 있는 태양계의 가족이며, 지금까지 알려진 혜성 중에 가장 유명한 것은 핼리혜성입니다.

혜성이 왜 생겼는지 그 이유는 과학자들도 정확히 모르고 있습니다. 혜성은 마치 흙이 묻은 눈 덩이처럼, 꽁꽁 언 기체와 얼음 및 바위로 이루어진 지저분한 덩어리입니다. 혜성의 직경은 몇 킬로미터 정도로 작기 때문에, 태양에 접근하기 전에는 지상에서 어떤 망원경으로 보아도 보이지 않습니다. 그러나 태양에 가까워지면 태양 에너지에 의해 핵을 이루는 물질이 녹아 가스와 먼지로 되어, 직경이 수십만 킬로미터에 이르는 커다란 머리(코마)를 만들게 되고, 태양 반대쪽으로는 수억 킬로미터에 이르는 긴 꼬리를 날리게 됩니다. 혜성의 꼬리를 날려보내는 것은 태양풍입니다. 혜성이 지상에서 관측되는 것은 이때부터입니다. 어떤 혜성은 태양에 너무 접근한 결과 태양으로 끌려 들어가 버리기도 합니다.

지난 1986년에는 핼리혜성이 76년 만에 태양 근처(근일점)로 왔습니다(다음 오는 때는 2061년). 그 당시 지구에서는 5개의 혜성탐사선이 마중나가 핼리혜성을 조사했습니다. 혜성의 핵은 폭 8킬로미터, 길이 16킬로미터 정도였으며, 코마는 길이가 수천 킬로미터에 이르는 덩어리를 이루고 있었습니다. 또한 핵 표면에는 크레이터(운석공)도 보였습니다.

혜성의 궤도는 긴 타원을 이루고 있습니다. 그 때문에 대부분의 혜성은 주기적으로 태양에 아주 가까이 왔다가 다시 먼 곳으로 갑니다. 핼리혜성이나 엥케혜성은 주기가 짧아 자주 오지만 어떤 혜성은 수천 년 수만 년을 주기로 한 번씩 찾아옵니다. 혜성 가운데 일부는 태양계가 끝나는 부분에서 옵니다. 그러므로 이런 혜성은 태양계가 처음 만들어진 때의 물질을 가지고 있을 것으로 추측하고 있습니다.

핼리혜성과 관련된 흥미로운 예기가 있습니다. '톰소여의 모험'을 쓴 미국의 유명한 소설가 마크 트웨인은 핼리혜성이 나타났던 1835년에 태어났습니다. 훗날 마크 트웨인은 자신은 핼리혜성이 나타난 해에 태어나 핼리혜성이 다시 찾아오는 1910년에 죽을 것이라고 예언했습니다. 실제로 그는 이 해에 세상을 떠났습니다.

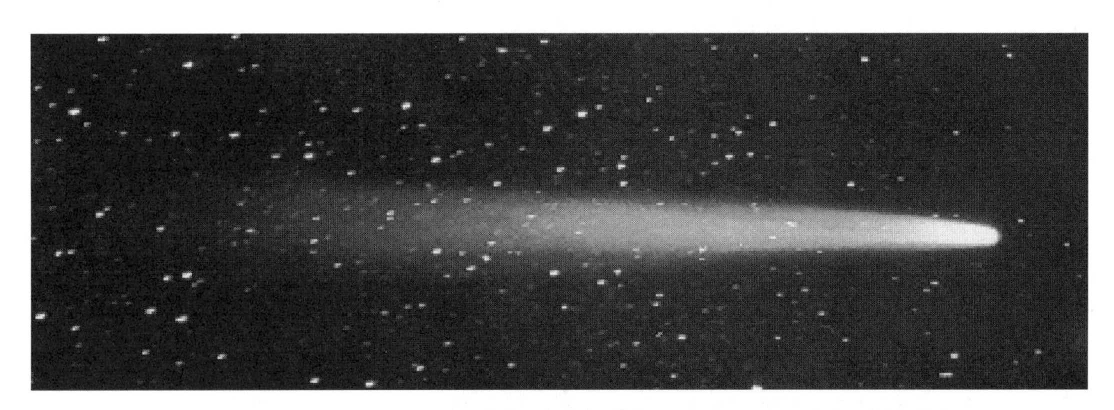

사진 55. 지난 1986년에 찾아왔던 핼리혜성은 2061-2년에 다시 오게 됩니다.

질문 56.
영화 딥 임팩트와 혜성탐사선 딥 임팩트에 대해 알려주세요.

지난 1998년 미국에서 제작한 공상과학영화 '딥 임팩트'는 지구와 충돌할 위험이 있는 소행성으로 특공대를 보내, 소행성이 지구와 충돌하기 전에 원자탄으로 파괴하는 내용을 담고 있습니다.

지난 2005년 미국의 항공우주국은 이 영화의 제목과 같은 혜성 탐험선 '디프 임팩트'를 발사하여 혜성과 충돌하는 실험에 성공했습니다. 미국 항공우주국은 지구 가까이 오는 '템플 1' 혜성을 조사하기 위해 2005년 1월 12일 '딥 임팩트'라고 명명한 혜성탐사선을 발사했습니다. 이 탐사선은 6개월을 비행하여 이해 7월 3일 템플혜성에 접근하여 주변을 조사하는 한편, 혜성 표면으로 다른 물체를 발사하여 충돌하게 하는데 성공했습니다.

이러한 실험의 성공은 영화 딥 임팩트와 같이, 소행성이나 혜성이 지구

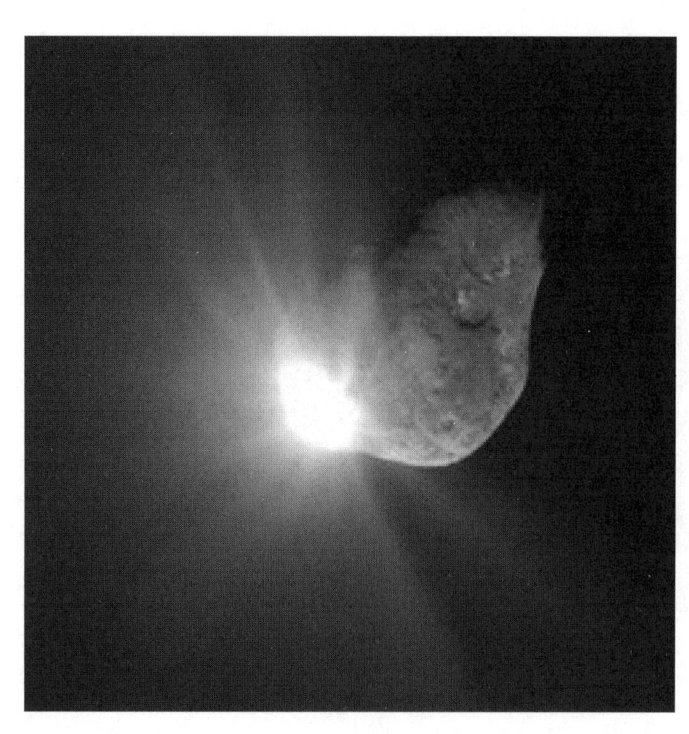

사진 56-1. 딥 임팩트호로부터 발사된 물체가 템플혜성과 충돌하여 섬광을 내고 있습니다. 이 사진은 우주망원경으로 촬영한 것입니다.

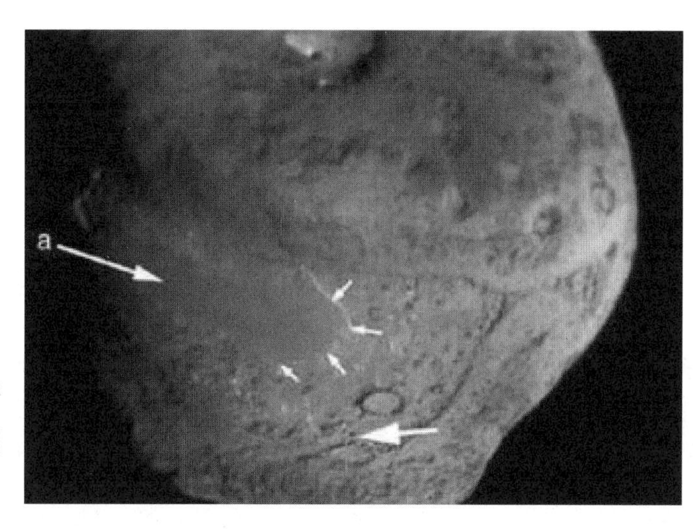

사진 56-2. 물체가 템펠혜성과 충돌한 자리가 매끈한 모습으로 보입니다.

와 충돌할 위험이 생길 때, 과학기술의 힘으로 그것을 도중에 파괴함으로써 지구의 재난을 피할 수 있음을 사람들에게 보여주었습니다.

질문 57.
혜성의 이름은 어떻게 정하나요?

전문적인 천문학자가 아니면서 천체관측과 천문학 연구를 좋아하는 사람들을 아마추어 천문가라고 합니다. 우리나라만 아니라 세계에는 수많은 아마추어 천문가들이 활동하고 있으며, 아마추어 천문가가 천문학 발전에 공헌한 경우가 많이 알려져 있습니다.

천문학자만 아니라 아마추어 천문가들은 새로운 혜성이나 소행성 찾기를 좋아합니다. 그들은 자신의 천체망원경으로 이들을 관측합니다. 행여 낯선 천체가 발견되면, 즉시 한국천문연구원이나 미국의 스미소니언 천문대로 그 정보를 알립니다.

스미소니언천문대에서는 전 세계에서 들어오는 혜성 발견 정보를 받아,

새로운 혜성인지 사실을 확인합니다. 만일 누군가가 알려온 정보가 새 혜성에 대한 최초의 발견이라고 인정되면, 그 혜성은 발견자의 이름을 따라 명명합니다. 동시에 스미소니언 천문대에서는 새 혜성의 궤도와 근일점 통과일 등을 조사하여 전 세계에 알려줍니다.

1995년 7월 23일에는 미국의 '앨런 해일'과 '토머스 바프'라는 두 아마추어 천문가가 동시에 혜성을 발견하여 신고해왔습니다. 그래서 이때 발견된 새 혜성에는 '해일—바프' 혜성이라는 이름을 붙이게 되었습니다. 해일—바프 혜성은 1997년 4월 1일에 태양에 가장 접근했습니다. 이 때를 전후하여 세계의 아마추어 천문가들은 맨눈으로도 보이는 혜성을 관측하면서 많은 사진을 촬영했습니다. 새 혜성은 매년 여러 개 발견되지만 대부분은 너무 어두워 육안으로는 보이지 않습니다.

사진 57. 해일-바프 혜성은 1995년에 발견되었다가 태양에 접근한 1997년에 사진과 같은 모습을 보여주었습니다.

질문 58.
소행성이란 어떤 천체입니까?

만일 여러분이 우주선을 타고 화성을 지나 목성을 향해 간다면, 도중에 셀 수 없이 많은 바위덩어리들이 떠도는 공간을 지나가야 합니다. 과학자들은 이 근처를 떠도는 수만 개의 큰 바위를 소행성이라 부르며, 끊임없이 소행성들을 찾아내어 그 크기라든가 궤도를 계산하고 있습니다.

소행성은 과거에 화성과 목성 사이에 있던 행성 하나가 목성의 강력한 인력에 의해 작은 조각으로 부서져 떠도는 것이라고 생각하고 있습니다. 소행성 중에 제일 큰 '세레스'는 직경이 936킬로미터나 됩니다. 지금까지 조사된 소행성 중에 작은 것은 직경이 1킬로미터 정도인 것도 있습니다. 소행성들은 운행 중에 서로 부딪기도 하는데, 이럴 때는 궤도가 바뀌어 지구 가까이 오기도 합니다.

대부분의 소행성은 화성과 목성 사이에 있지만, 소수는 지구나 달 궤도 가까이 오는 것이 있습니다. 지난 1989년 3월 22일에는 이런 소행성 중 하나가 지구로부터 약 70만 킬로미터까지 접근하기도 했습니다. 만일 이때의 소행성이 지구와 충돌했더라면 약 100만 톤의 TNT(화약)가 폭발한 위력이 작용하여 지구 표면에는 직경이 약 7킬로미터나 되는 운석공이 생겼을 것이라고 합니다.

사진 58. 소행성은 화성과 목성 사이에 많이 흩어져 있습니다. 사진은 '253 마틸드' 라는 이름을 가진 소행성입니다.

지구상에서 공룡이 사라진 원인이 약 6,500만 년 전에 지구와 충돌한 큰 소행성 때문이라고 추측하기도 합니다. 즉 충돌 때 엄청난 충격으로 광범위한 면적에 걸쳐 산불이 나고, 공중으로 떠오른 먼지와 연기가 장기간 세계의 하늘을 뒤덮어 태양이 보이지 않았습니다. 그 결과 지구상의 식물은 광합성을 못해 대부분 죽게 되었고, 수많은 다른 동물들과 함께 공룡도 멸종하게 되었다는 것입니다.

질문 59.
밤하늘에 불꽃처럼 떨어지는 별똥별(유성)은 무엇입니까?

맑은 밤하늘을 바라보고 있으면, 1시간에 5개 정도의 별똥별을 볼 수 있습니다. 한 줄기 빛을 뿌리며 순식간에 사라지는 별똥별은 사실은 별이 아니고, 우주 공간을 떠돌던 암석이나 금속 조각입니다. 우주를 떠도는 바위와 금속 조각은 그 크기가 먼지에 불과한 것에서부터 집체만한 것까지 다양합니다.

별똥별은 유성 또는 유성체(流星體)라고 부릅니다. 이런 유성은 우주공간을 지나가다 지구의 인력에 끌려 대기권으로 들어와 공기와 마찰하여 열이 나면서 빛을 내는 것입니다. 대부분의 유성은 공기층을 지나오는 사이에 완전히

사진 59-1. 미국 오리건 주에서 발견된 윌라메트 운석은 무게가 15.5톤(길이 약 3미터)입니다. 그 성분은 91%가 철이고, 8%는 니켈이며 코발트와 인이 약간 포함되어 있습니다.

타 없어집니다. 그러나 극소수의 유성은 못다 타고 땅위에 떨어지는데, 이를 운석(隕石) 또는 별똥이라 부릅니다.

지구에는 운석이 밤낮없이 매일 쏟아져 들어오는데, 무게로 따지면 하루 약 10톤에 이릅니다. 지금까지 지상에서 발견된 운석 중에 제일 큰 것은 남아프리카 나미비아에 떨어진 것으로 무게가 60톤에 이릅니다.

미국의 애리조나 사막에는 지름이 1.2킬로미터나 되는 거대한 운석공이 있습니다. 이 구멍은 약 2만 년 전에 트럭만한 큰 운석이 떨어져 패인 것입니다. 이때 충돌지점에서는 약 4억 톤의 바위가 고열에 녹아 공기 중으로 사라졌다고 생각하고 있습니다.

운석은 편의상 3가지로 구분합니다. 첫 번째는 철이 주성분(85~95%)이고 나머지는 니켈인 운석입니다. 두 번째는 철이 50%이고 나머지가 모래(규소) 성분으로 된 것입니다. 그리고 세 째는 규소와 다른 암석 성분으로 된 운석입니다.

사진 59-2. 미국 애리조나 사막에서 발견된 이 운석공은 직경이 1,200미터이며, 깊이가 170미터 입니다. 운석공 가장자리는 주변 평지보다 45미터나 높습니다. 이곳에 거대한 구멍이 생긴 원인이 운석이 떨어진 때문이라고 처음 밝힌 대니얼 바링거의 이름을 따서, 이 운석공은 '바링거 운석공' 이라 합니다.

질문 60.
한 시간에 수백 개의 별똥별이 떨어지는 유성우는 왜 나타납니까?

축제일이나 경축일에 밤하늘에 쏘아올린 꽃불이 아름답게 터지면, 사람들은 환호성을 지릅니다. 마치 불꽃놀이나 하듯이 별똥별이 연달아 떨어지는 천문현상이 일어날 때가 있습니다.

평소 별똥별(유성)은 1시간에 5개 정도 떨어지는데, 대개의 유성은 흐르는 방향이 일정치 않습니다. 그러나 아주 드물게 1시간에 수백 개의 유성이 같은 방향에서 낙하하며 빛을 내는 경우가 있습니다. 이런 유성을 비처럼 쏟아진다 하여 '유성우'(流星雨)라 부릅니다.

혜성이 지나가면 우주공간에다 많은 우주 먼지 입자를 흩뿌리게 됩니다. 태양 주위를 돌던 지구가 마침 이런 곳을 지나가게 되면, 그 입자들은 유성우가 되어 한꺼

사진 60-1. 별똥별이 짧은 시간 동안 자주 떨어지는 것을 유성우라합니다.

사진 60-2. 유성우는 일정한 방향에서 오는 것처럼 보입니다.

번에 대기권으로 떨어지게 됩니다. 이런 유성우는 한 방향에서 오는 것처럼 보이며, 해마다 같은 시기에 동일한 별자리에서 볼 수 있습니다. 그에 따라 '오리온자리 유성우'라든가, '사자자리 유성우', '페르세우스자리 유성우' 등으로 이름을 붙여 부르고 있습니다.

질문 61.
과학자들은 다른 천체에 가지 않고서도 어떻게 그곳의 성분을 알아낼 수 있습니까?

과학자들은 태양을 비롯하여 목성이라든가 토성 또는 다른 별에 가지 않고도 그곳에 어떤 물질이 있는지 알 수 있습니다. 그 방법은 천체로부터 오는 빛을 분석하는 것입니다. 프리즘의 원리를 이용한 분광기(스펙트로스코프)로 빛을 분석하면, '흡수선'이라는 검은 선이 나타납니다. 모든 원소는 그 원소만의 독특한 흡수선을 가지고 있습니다. 그러므로 흡수선을 분석하면 수소, 헬륨, 산소, 이산화탄소, 암모니아, 메탄 등 그 성분이 무엇이며, 양이 어느 정도인지까지 알 수 있습니다.

제 3 장

달은 지구의 가족

질문 62.
달은 어떤 천체인가요?

지구와 다른 행성들은 태양의 둘레를 회전합니다. 지구 주위에는 1개의 달이 돌고 있고, 화성은 둘, 목성과 토성은 여러 개의 달을 가지고 있습니다. 일반적으로 행성 주위를 도는 천체를 위성(衛星)이라고도 부르는데, 인공위성은 지구 둘레를 선회하도록 인공으로 만든 우주선입니다.

지구의 달은 거의 구형이며, 구조는 지구와 비슷하지만 암석의 성분은 지구와 차이가 있습니다. 달에는 공기가 없고 물도 전혀 없으므로, 생명체가 존재하지 못합니다. 달은 스스로 빛을 내지 않고 태양빛을 반사하고 있습니다. 달 표면에서 햇빛이 비치는 곳은 매우 뜨겁지만, 그늘진 곳은 아주 춥습니다.

달은 지구로부터 평균 38만 6,400킬로미터 떨어진 곳에 있어, 지난 날 미국의 우주비행사들이 몇 차례 달에 내려 탐험하고 오기도 했습니다(질문 90 참조). 달의 직경은 지구 직경의 약 4분의 1인 3,480킬로미터이며,

사진 62. 아폴로17호의 우주비행사 해리슨 슈미트가 커다란 바위 옆에 서 있습니다.

그 무게는 지구의 80분의 1이랍니다.

질문 63.
달은 어떻게 생겨났습니까?

과학자들은 달이 생겨난 때가 지구가 탄생하고 6억년이 지난 뒤인 약 40억 년 전이라고 생각합니다. 많은 천문학자는 그 당시 아직 완전히 굳어지지 않은 지구에 화성 크기의 어떤 천체가 충돌했고, 그 때 지구의 일부가 떨어져 나가 달이 되었다고 생각합니다. 태평양은 이때 지구 일부가 떨어져 나갈 때 생긴 것이라고 믿기도 합니다.

이와 같은 설을 충돌설이라 하는데, 다른 이론도 있으나 충돌설이 가장 타당성이 있다고 믿고 있습니다.

질문 64.
달의 모양은 왜 밤마다 다르게 보이며, 반달일 때 달의 반쪽은 어디에 있습니까?

달은 초승달, 반달, 보름달로 되면서 그 모양이 변하고 있지만, 실제 형태는 전혀 변함이 없습니다. 달 모양이 변하는 것은 태양과 지구와 달의 위치가 달라짐에 따라 나타나는 현상입니다. 실험으로 테니스공을 손으로 잡고 전등을 향하여 바라봅시다. 이때 전등은 태양이고, 공은 달이며, 여러분의 머리는 지구입니다. 실험을 하기 전에 전등만 켜고 실내의 다른 불은 끄도록 합니다.

공을 전등 쪽으로 향하여 바라보면 공은 그늘진 부분만 둥글게 보입니다. 이때는 달이 보이지 않는 그믐입니다. 다시 전등을 등 뒤로 하고 공을 들어 바라보면, 공 전체가 동그랗게 밝게 보입니다. 이때는 보름입니다.

그러나 전등과 직각되는 방향에서 공을 바라보면, 공의 반은 밝게 보이고 반은 그늘입니다. 이때는 반달입니다. 초승달이나 반달은 일부만 달이 보이지만 나머지 부분은 그림자가 져 환하게 보이지 않을 뿐입니다.

질문 65.
반달일 때 달의 그림자 진 부분이 희미하게 보이는 이유는 무엇입니까?

쾌청한 날 밤에, 상현달이나 하현달 또는 반달을 잘 보면 그림자진 부분의 모습을 희미하게 볼 수 있습니다. 달은 빛을 내지 않는 천체입니다. 그런데도 우리 눈에 밝게 보이는 것은, 달의 표면에 비친 햇빛이 지구로

사진 65. 초승달의 가려진 부분이 희미하게 보이는 것은, 지구에서 반사된 햇빛이 달에서 다시 반사되어 우리 눈까지 온 때문입니다.

반사되어 오기 때문입니다.

그런데 지구 표면에 비친 태양빛은 우주로 반사되어 나갑니다. 달에서 지구를 보면, 지구는 아주 밝은 빛을 반사하는 아름다운 천체로 보이니까요. 이처럼 지구에서 반사된 빛이 달 표면에 비치고, 그것이 다시 지구로 반사되어 오면, 우리는 달의 그림자 진 부분을 희미하게 볼 수 있게 됩니다.

질문 66.
달도 자전을 한다는데, 왜 뒷면을 보여주지 않습니까?

자전하는 지구의 회전축은 팽이처럼 남북을 향하는 지구의 중심에 있습니다. 그러나 달이 자전하는 중심축은 달의 중심에 있지 않고, 지구의 자전축과 같답니다. 실험으로 배구공을 두 손으로 잡고 제자리에서 빙그르 1바퀴 돌면, 공은 공전을 한 동시에 1차례 자전까지 한 결과가 됩니다. 그러므로 달의 자전시간과 공전시간은 같은 27.3일입니다. 이 시간은 음력 1달의 길이입니다.

한편 손에 배구공을 들고 1바퀴를 다 돌아도 공의 뒷면은 보이지 않습니다. 지구 둘레를 도는 달 역시 마치 손에 잡힌 공처럼 한쪽 면만 지구를 향한 상태로 돌고 있답니다. 그러므로 달 탐험선이 달의 뒷면 사진을 찍기 전까지는 그곳이 어떻게 생겼는지 아무도 몰랐습니다.

질문 67.
달의 표면에 보이는 둥근 크레이터(운석공)는 왜 생긴 것입니까?

달을 망원경으로 처음 보는 사람은 크고 작은 수많은 크레이터가 달 전면에 흩어져 있는 것을 보고 매우 신기하게 생각합니다. 달이 처음 만들어지고 난 후 오랫동안 달 표면에는 많은 천체들이 떨어져 충돌했습니다. 그때마다 달 표면에는 둥그런 상처가 생겨나고, 달 내부에서는 미처 식지 않은 용암이 표면으로 솟아나와 깊이 파인 구멍을 메웠습니다. 이렇게 하여 생긴 것이 크레이터이며, 이를 우리말로는 운석공이라 합니다.

25억 년 전쯤에는 달의 내부까지 다 굳어 더 이상 용암이 표면으로 나올 수 없게 되었습니다. 또한 그때쯤에는 달 표면에 떨어지던 천체도 극히 드물었습니다.

사진 67. 달 표면에 있는 수많은 구멍은 화산의 분화구가 아니라 운석이 떨어진 운석공입니다.

질문 68.
달의 표면은 왜 밝은 곳과 어두운 곳이 있습니까?

달의 표면에는 높은 산도 있고 평평한 부분도 있으며, 운석이 떨어져 패인 구멍(운석공)이 수없이 있습니다. 운석공 중에 어떤 것은 직경이 수백 킬로미터나 됩니다. 달 표면의 평평한 부분은 용암이 가루처럼 부서진 상태로 덮여 있습니다. 이런 곳은 햇빛을 잘 반사하지 못해 어둡게 보입니다. 반면에 운석공이 많은 고지대는 매끈한 바위로 되어 있어 햇빛을 잘 반사합니다(사진 67 참고).

과학자들은 달 표면의 평평한 부분에 '바다'라는 이름을 붙여 부르고 있습니다. 달의 왼쪽 아래 부분에는 달에서 가장 선명하게 보이는 운석공이 있습니다. 그것의 이름은 '티코'이며, 직경 84킬로미터로 크지 않은 편입니다.

잘 알지 못하는 사람은, 달이 둥그렇게 잘 보이는 보름일 때 관찰하기 좋을 것이라고 생각합니다. 그러나 막상 보름달을 망원경으로 관찰하면 밝기만 할 뿐 표면의 운석공이 뚜렷이 보이지 않습니다. 그러나 반달이나 초승달일 때 보면 높고 낮은 부분을 확실하게 볼 수 있습니다. 그것은 햇빛을 비스듬히 받는 반달 또는 초승달일 때, 높은 지형의 그림자가 길게 확실히 생기기 때문입니다.

질문 69.
달은 왜 지구로부터 지금과 같은 거리에 떨어져 있게 되었나요?

달은 지구 둘레를 약간 타원(계란 모양)인 궤도를 돕니다. 그래서 지구와 달 사이의 거리는 가까울 때는 약 3만 6,000킬로미터이고 먼 때는 약 4만 킬로미터입니다. 뿐만 아니라 달은 지구로부터 매년 약 2.75cm 씩 멀어지고 있습니다. 그러므로 수백만 년 뒤의 사람들은 지금보다 멀리 떨어진 조그마한 달을 보게 된답니다.

끈에 추를 매달아 손으로 잡고 빙빙 돌리면 추는 원 궤도를 돌지만 멀리 날아가려고 합니다. 이것이 원심력입니다. 그래서 돌리던 손을 놓으면 추는 직선으로 멀리 날아갑니다. 지구 둘레를 도는 달도 지구의 중력에 붙잡혀 있긴 하지만, 같은 이유(원심력)로 조금씩 멀어지고 있는 것입니다. 놀이터에서 빠르게 도는 회전목마를 타보면 자신이 원심력을 받는다는 것을 느낄 수 있지요.

사진 69. 달의 현재 크기와 지구와의 거리는 지구상의 바다에 생명체가 살기에 가장 적당합니다.

약 28억 년 전의 과거로 돌아가 본다면, 그 때는 달이 지금보다 훨씬 가까이 있어 크게 보였으며, 지구 둘레를 1회전하는데 27일이 아니라 17일 걸렸습니다. 미국의 과학자 클락 채프만의 설명에 의하면, 지구와 달이 막 탄생한 46억 년 전에는 달이 훨씬 더 가까이 있었었고, 7일 만에 지구를 1회전 했다고 합니다. 만일 그때 누군가가 수평선에 떠오르는 달을 보았다면 엄청나게 큰 달이었겠지요.

그런데 현재 지구와 달 사이의 거리는 아주 이상적입니다. 왜냐하면 거리가 더 가깝다면 달의 중력 작용으로 바닷물이 끌리는 조석 현상이 심하게 일어나, 간만의 차가 훨씬 커짐에 따라 너무 많은 육지가 바다 밑에 들어갔다 나왔다 하게 됩니다. 반면에 달이 더 멀리 있으면 조석은 적게 일어나지만, 세계의 바닷물이 충분히 흐르고 섞이지 못하게 됩니다.

만일 달이 지금보다 크거나 작아도 같은 현상이 일어납니다. 달이 너무 크다면 조석현상이 대규모로 일어날 것이고, 작은 달이라면 바닷물이 충분히 섞이지 못하겠지요. 달의 현재 크기와 지구와의 거리는 바다에 생명체가 번성하는데 알맞은 조건이기도 합니다(질문 81. 참조). 참으로 다행한 현상입니다.

질문 70.
달에서 우주비행사가 가져온 '창세기의 돌'은 어떤 암석입니까?

달에 착륙한 우주비행사들은 매번 달 표면을 다니며 중요하다고 생각되는 암석을 채집하여 지구로 가져왔습니다. 달에 4번째로 착륙한 아폴로 15호의 우주비행사들은 이때 처음으로 달 표면까지 가져간 달차를 타고 멀리까지 다니며 모두 77킬로그램이나 되는 많은 암석을 채집했습니다.

지상의 과학자들이 이 암석들의 성분을 조사한 결과, 그 중 암석 하나의 나이가 약 41억 5,000만 년이었습니다. 과학자들의 연구에 따르면 달의 나이는 약 42억 년입니다. 이때 채집된 암석은 달에서 가져온 암석 중에서 가장 오래 된 것이며, 달이 탄생하던 초기에 생긴 것이기에 '창세기의 돌'이라는 이름을 붙이게 되었습니다.

사진 70. 달에서 발견된 암석 중에 가장 나이가 많은 이 돌을 과학자들은 '창세기의 돌'이라 부릅니다.

질문 71.
공기가 없는 달에 사람이 살 수 있을까요?

과학자들은 2020년 경에는 달에도 사람이 살 수 있는 과학기지라든가 공장, 병원, 연구소 등을 건설할 계획을 가지고 있습니다. 지난날 달에 착륙한 우주비행사들은 우주복을 입고 달 표면을 다녔습니다. 달은 사람이 살 수 없는 환경입니다. 특히 그곳에는 공기도 없지만, 태양이 비치는 표면은 온도가 섭씨 130도에 이르고, 밤이면 영하 130도 가까이 내려갑니다. 또 작은 운석이라도 떨어지면 공기층이 없어 공중에서 타지 않고 그대로 충돌할 위험도 있습니다. 그러므로 달에 사람이 거주할 시설을 만들 때는 여러 가지 안전한 대책이 필요합니다.

달에 망원경을 설치하면 지상에 있는 어떤 천문대보다 훌륭한 관측을 할 수 있습니다. 달에는 많은 광물자원이 매장되어 있습니다. 또 달에 병원을 세우면, 중력이 약하기 때문에 등뼈 환자를 치료하기 적합합니다. 달에 사람이 살기 위해서는 공기와 물을 그곳에서 직접 만들 시설도 해야 하며, 기지 내에 유리 온실을 지어 식량생산도 해야 한답니다. 특히 훗날 우주공간에 우주도시를 건설할 때는, 그에 필요한 많은 건설자재를 달에서 구한 원료로 달 공장에서 만들어 사용하려 합니다.

질문 72.
일식과 월식은 왜 일어납니까?

지구는 태양 주위를 돌고, 달은 그러한 지구 주위를 회전합니다. 이렇게 서로 도는 도중에 지구와 달과 태양이 일직선상에 서게 되는 경우가 있습니다. 이때 지구가 만드는 그림자 속에 달이 들어가면 월식이 되고, 달이 만드는 그림자가 지구상에 생기면 그 자리에 일식이 일어납니다.

동그란 동전을 눈앞에 들고 천정의 전구를 바라보면서 거리를 조정하면, 전구가 완전히 가려지는 위치가 있습니다. 이때는 전구, 동전, 눈이 일직선상에 있습니다. 태양과 지구와 달이 일직선상에 놓이게 되는 것을 천문학 용어로 삭망(朔望)이라 합니다. 삭망은 달이 전혀 보이지 않는 음력 1일과, 보름이 되는 음력 15일에 일어납니다.

월식에는 달 전체가 가려지는 개기월식(皆旣月蝕)과, 일부만 보이지 않는 부분월식이 있습니다. 마찬가지로 일식도 태양이 완전히 가려지는 개기일식과 부분일식이 있습니다. 아주 드물게 태양의 가장자리만 금가락지 모양으로 남기고 중앙부가 가려지는 금환일식(金環日蝕)도 있습니다.

태양은 달과 지구 사이의 거리보다 약 400배 멀리 있습니다. 월식 현상은 1년에 1,2회 나타나지만, 일식은 좀처럼 보기 어렵습니다. 지구 전체적으로 볼 때, 개기일식은 118개월에 1회 정도 볼 수 있습니다. 특히 같은 장소에 개기일식이 다시 일어나려면 평균 370년을 가다려야 합니다. 우리나라에서 개기일식을 볼 수 있는 때는 2035년 9월 2일 오전 9시 40분 평양 근처로 알려져 있습니다. 그러나 태양이 조금씩 가리는 부분 일식은 수년마다 관찰할 기회가 옵니다.

사진 72. 달이 태양 앞을 가려 태양이 90% 정도만 보입니다. 태양이 완전히 가려지면 개기일식이라 하고, 이처럼 일부만 가려지면 부분 일식이라 합니다.

질문 73.
일식(태양)을 안전하게 관측하려면 어떻게 합니까?

일식이나 월식현상이 있으면, 국립천문연구원의 발표에 따라 신문과 방송에 미리 소개됩니다. 특히 개기일식은 일생을 통해 1번을 보기 어려우므로, 세계 어딘가에서 일식을 볼 수 있다고 하면, 그곳으로 천문학자와 아마추어 천문가들이 몰려갑니다. 그곳이 비가 내리지 않는 사막지대라면 더욱 관측하기 좋습니다.

일식이나 태양의 흑점을 관찰하느라 맨눈으로 태양을 보면 금방 눈의 망막이 상할 위험이 있습니다. 특히 쌍안경이나 망원경으로 태양을 보아서는 절대로 안 됩니다. 그러므로 일반인들은 유리에 검댕을 진하게 입힌 것을 필터로 사용하거나, 태양 관측용으로 만든 짙은 색의 특수 필터를 통해 쳐다봅니다. 때로는 검게 변색된 카메라용 필름을 필터처럼 사용하기도 합니다.

더욱 간단한 태양 관측 방법은 알루미늄 포일을 엽서 크기로 잘라 중앙에 바늘로 구멍을 뚫습니다. 그 카드의 구멍이 태양을 향하도록 하고, 카드로부터 약 60~90센티미터 떨어진 곳에 흰색 종이를 놓습니다. 그러면 바늘구멍을 지나온 태양이 백지 위에 일식의 상을 맺습니다. 보통 때 이런 방법으로 태양을 비춰보면 흑점의 그림자를 확인할 수 있습니다.

사진 73. 개기일식은 좀처럼 보기 어렵습니다. 2006년의 개기일식은 사하라사막에서 볼 수 있었습니다.

일식 날이 가까워오면 미리 관측 장비를 준비하고, 관측 실험도 하여 만전의 준비를 하고 있어야 합니다. 일식이 계속

되는 시간은 보통 2~3분 정도이고, 아무리 길어도 7분 30초를 넘지 않습니다. 그러므로 잠시라도 어물거리면 관측 기회를 놓치고 맙니다.

질문 74.

그믐과 보름에는 매번 태양, 지구, 달이 나란히 서는데, 왜 그때마다 일식이나 월식이 일어나지 않습니까?

달이 지구와 태양 사이에 오면, 달을 볼 수 없는 그믐이 됩니다. 그로부터 15일 가량 지나면 달은 그 반대쪽 즉 태양, 지구, 달의 위치에 갑니다. 이때는 둥그런 만월을 볼 수 있는 보름이지요.

그런데 달의 공전 궤도와 지구의 궤도는 서로에 대해 약 5도 기울어져 있기 때문에 완전히 일직선이 되는 기회가 많지 않습니다. 그러므로 달은 어쩌다 한 번 <태양—지구—달>로 일직선이 되어 월식이 일어납니다. 그리고 달이 지구와 태양 사이에 일직선으로 놓이는 <태양—달—지구>의 기회는 더욱 드물게 일어납니다.

질문 75.

개기월식 때 달이 완전히 가려지지 않고 붉은색으로 희미하게 보이는 이유는 무엇인가요?

초승달이나 반달의 밝게 보이는 부분은 태양빛이 비치는 지역이고, 어두운 부분은 그림자가 진 곳입니다. 그러므로 달의 그림자 지역은 보이지 않아야 합니다(질문 65 참조). 그런데도 희미하게 윤곽을 볼 수 있는 것

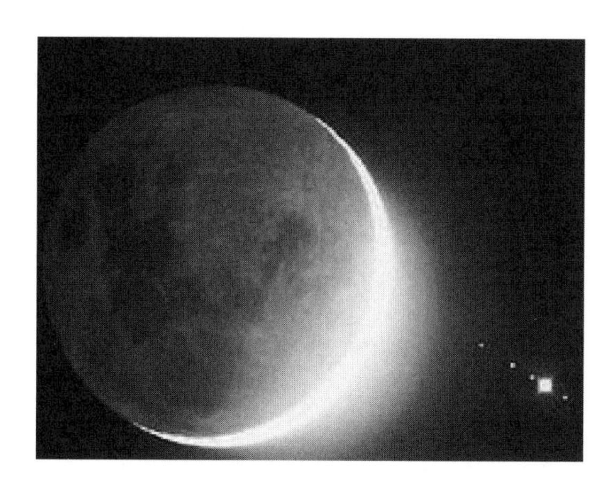

사진 75. 개기월식 중인 달의 모습이 희미하게 보이는 것은, 태양빛 일부가 지구 주변을 지나면서 굴절현상을 일으켜 달 표면을 약하게 비추기 때문입니다.

은, 지구에서 반사된 태양빛이 달의 그림자 진 부분을 비춘 것이 다시 반사되어 우리 눈에 들어온 것입니다. 지구상에 사는 우리는 볼 수 없지만, 달이나 우주공간에서 지구를 본다면, 지구는 달보다 몇 갑절 더 밝게 태양빛을 반사한답니다.

개기 월식 때 지구의 그림자 속으로 들어간 달이 희미하게 보이는 것은 이유가 다릅니다. 지구는 공기층이 둘러싸고 있습니다. 지구 주변의 공기층을 지나는 태양빛은 굴절현상을 일으켜 약간 휘어 월식으로 캄캄해야 할 달의 표면을 희미하게 비추게 된답니다. 개기월식 때 보이는 희미한 달의 색은 붉은 구리빛이랍니다.

질문 76.
대낮에 반달이 보이는 이유는 무엇입니까?

낮에 보이는 반달은 퍽 신기해 보입니다. 만일 어느 날 낮에 반달이 보인다면 태양이 반달 가까이 있는지 아니면 멀리 있는지 관찰해봅시다. 태양과 달이 가까이 있을 때는 햇빛이 너무 밝아 달이 전혀 보이지 않습니다. 이것은 낮에 별이 보이지 않는 이유와도 같습니다.

그러나 태양은 동쪽 지평선 가까이 있고, 달은 서쪽에 있을 때처럼, 달이 태양과 멀리 떨어진 곳에 보일 때는 낮이라도 희미하게 보입니다. 그것이 낮에 나온 반달입니다.

질문 77.
달은 왜 바다에 밀물과 썰물이 일어나게 합니까?

해안에서는 바닷물이 빠져 개펄이 멀리까지 드러났다가(썰물) 다시 물이 들어와 만수가 되는(밀물) 현상이 하루에 두 차례씩 반복되는 것을 볼 수 있습니다. 이처럼 밀려나가고 밀려드는 바닷물을 조수(潮水)라고 하며, 바닷물이 들고 나는 현상을 조석(潮汐)이라 합니다. 조석현상은 인간과 바다 생물의 생활에 매우 중요합니다.

조석현상은 주로 달의 인력과 자전하는 지구의 원심력 때문에 일어납니다. 지구와 달은 서로 인력이 작용합니다. 물은 액체이기 때문에 달의 인력에 끌려 달 쪽으로 이동하는 현상이 일어납니다. 반면에 달과 거리가 먼 곳에서는 물이 빠져나가는 썰물이 됩니다. 그런데 썰물이 일어나는 곳은 가장 먼 반대쪽이 아니라 90도를 이루는 곳입니다(사진 77-2 참조). 달 반대쪽에서는 썰물이 아니라 오히려 밀물 현상이 동시에 일어납니다. 이것은 지구가 회전하는 원심력 때문입니다. 또한 지구는 달

사진 77-1. 달을 향한 쪽이 만조가 되면, 달과 반대쪽에서도 만조가 됩니다. 이것은 달의 인력에 의해 지구 자체도 조금(약 35.6cm) 끌리게 되는데, 이때 액체인 물은 끌려가지 않아 자연히 고조가 됩니다.

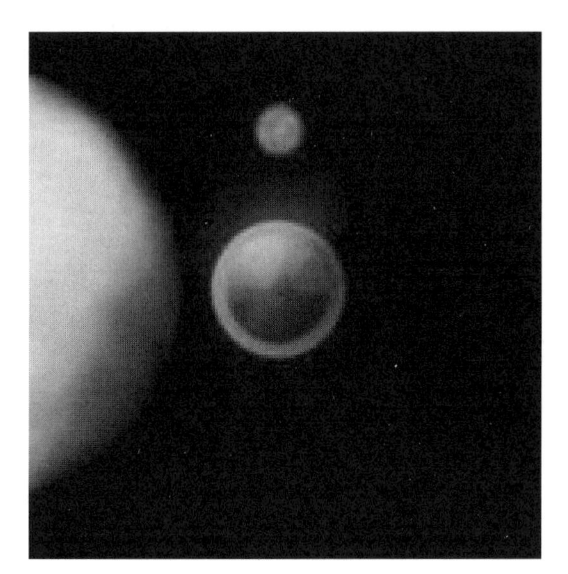

사진 77-2. 달이 90도 방향에 있으면 달과 태양의 인력이 서로 상쇄되어 간만의 차이가 아주 작은 조금이 됩니다.

쪽으로 조금 끌려가는 현상이 생기고, 이때 액체인 물은 그 자리에 있어 기조력을 만들기도 합니다.

그런데 지구상의 어느 지점이 달과 가까워졌다고 해서 즉시 그 장소의 수위가 높이 오르는 것은 아닙니다. 바닷물은 이동하는 동안 지면과 마찰을 하게 되므로, 고조가 되거나 저조(低潮)가 되는 시간은 그로부터 두세 시간이 지난 뒤입니다.

조석현상에는 달만 아니라 태양의 중력도 함께 작용합니다. 그러나 태양은 달보다 멀리 있어 달 인력의 약 33~46%만 작용합니다. 태양, 달, 지구가 일직선으로 배열되는 때는 조석현상이 아주 크게 일어나므로, 이때를 대조(大潮) 또는 사리라고 말한답니다. 반면에 태양과 지구와 달이 직각을 이루는 위치에 오면, 태양의 인력 때문에 달의 기조력이 상쇄되므로 조석현상이 적게 일어나는 조금이 됩니다(사진 72-2).

질문 78.
달의 중력에 바닷물이 끌리듯이 대륙도 영향을 받나요?

액체인 물은 중력에 끌려 이동하기 쉽기 때문에 조석현상이 일어난다는 것을 알 수 있습니다. 그러나 지구 전체가 달의 인력에 영향을 받아 얼마큼 흔들리고 있는 것은 우리가 전혀 느낄 수 없습니다. 바다에 조석이 일어나게 하는 힘을 '기조력'이라 합니다. 달의 기조력은 바닷물만 움직이게 하는 것이 아니라 지구도 전체적으로 35.6센티미터 정도 흔들리게 합니다.

질문 79.

달의 인력에 의해 생기는 간만의 차이는 얼마나 되며, 왜 서해에서는 심하게 일어나고 동해에서는 조금 일어납니까?

바다의 물이 오르고 내리는 조석 현상은 주로 달의 인력에 의해 바다의 물이 달 쪽으로 끌린 결과 생깁니다(질문 77 참조). 이때 간만의 차이는 달과 태양의 위치, 그리고 바다의 수심과 지형에 따라 다릅니다. 수심이 깊으면 조위 변화가 적고, 대륙에서 먼 바다일수록 변화가 적습니다. 또한 육지로 완전히 둘러싸인 지중해도 조석이 아주 적게 일어납니다.

조석 현상은 하루에 두 차례 일어나는데, 높이 찼던 물이 빠져 나갔다가 다시 높아지기까지는 약 12시간 26분이 걸립니다. 달의 인력은 전체 바다의 수면을 평균 약 80센티미터 끌어올릴 정도로 작용합니다. 우리나라 서해안은 수심이 얕고 한반도와 중국 대륙으로 둘러싸여 간만의 차가 최고 9미터 정도로 큽니다. 그러나 수심이 깊고 바다가 트인 동해는 훨씬 적게 일어납니다. 세계에서 간만의 차가 가장 큰 곳은 캐나다 펀디만의 뉴브룬스윅입니다. 이곳에서는 최대 12미터에 이르는 간만의 차가 일어납니다.

질문 80.
바닷물이 들고 나는 시간은 왜 매일 조금씩 달라집니까?

보름달은 하현달, 그믐달, 초승달, 상현달을 지나 다시 보름달이 됩니다. 그에 따라 달이 뜨는 시간(월출시간)은 매일 다릅니다. 즉 달은 하루에 약 13도 각도만큼 뒤늦게(시간으로 따져 약 52분) 떠오릅니다. 예를 들어 오늘 저녁 9시에 달이 떴다면, 내일 저녁은 9시 52분경에 달이 뜹니다.

조석현상은 특히 바다의 어부들과 선원들에게 매우 중요합니다. 국립해양조사원에서는 인터넷을 통해 일기예보처럼 전국 해안지역에 대한 그날의 조석 상황을 예보하여, 각 지역의 만조와 간조시간, 조위(潮位 조수의 높이) 등을 알려주고 있습니다. 어부만 아니라 일반인도 다음과 같은 중요한 용어는 이해하고 있을 필요가 있습니다. 특히 바다낚시를 갈 때는 꼭 조석 예보를 알고 떠나야 합니다.

조위(潮位) : 조석현상에 의해 생긴 해수면의 높이

만조시간 : 하루 중에 바닷물의 수위가 가장 높아지는 시간(하루 두 차례)

간조시간 : 만조시간과 반대로 하루 중에 바닷물의 수위가 가장 낮은 시간(하루 두 차례)

조차(潮差) : 만조 때와 간조 때의 수위의 차이. 서해안 인천은 조차(간만의 차)가 약 9m에 이릅니다.

한사리(사리) : 간만의 차가 큰 보름과 그믐 때를 말합니다. 태양과 달이 같은 방향에 나란히 오면 기조력이 더 커져 조위가 더욱 높아집니다. 이때는 대조라고도 합니다.

조금 : 한사리와 반대로 간만의 차가 가장 작은, 반달이 되는 음력 7,8일과 22, 23일 경을 말합니다.

조력발전소 : 강물처럼 흐르는 조수의 힘을 이용하여 수력발전을 하는 발전소입니다.

질문 81.
만일 달이 없어 바다에 조석현상이 일어나지 않는다면 어떤 일이 벌어지나요?

바다와 강, 호수 등의 물속에는 수많은 생물이 살고 있습니다. 만일 어떤 호수의 물이 항상 그대로 고여 있다면, 그 호수는 얼마 못가 미생물조차 살지 않는 죽음의 호수가 됩니다. 호수는 끊임없이 새 물이 흘러들고 또 한쪽으로 빠져나감에 따라 산소가 공급되고, 생물이 사는데 필요한 영양분이 보충됩니다. 양어장에서는 물속의 산소가 부족하지 않도록 끊임없이 물을 휘저어주기도 하고 따로 산소를 공급하기도 합니다.

바다는 거대한 호수이지요. 바다는 육지의 강에서 새 물이 흘러들고, 햇볕에 의해 해면에서 증발이 일어나고 있기는 하지만, 그것만으로는 깊고 넓은 바닷물 전체를 휘저어주지 못합니다. 실제로 바닷물을 가장 강력하게 골고루 휘저어주는 것은 달과 태양의 인력에 의한 조석현상입니다. 바닷물이 들어오고 나가는 것을 관찰해보면 마치 거대한 강물이 흐르는 듯합니다.

조석현상이 일어남으로써 깊은 바다의 물까지 움직이면서 산소와 영양분이 골고루 섞일 수 있습니다. 또한 썰물이 되어 넓은 개펄과 해안의 바위가 드러나면, 거기에는 수많은 미생물과 작은 동식물이 햇빛을 가득 받으며 번성할 수 있는 시간이 됩니다. 진흙 같은 개펄에는 영양분도 충분합니다. 조개나 게들이 구멍을 파고 숨어 살기도 아주 좋습니다.

사진 81. 바다에 조석현상이 일어나지 않으면, 바닷물이 잘 뒤섞이지 않아 해양동식물이 살기 어려운 죽은 바다가 됩니다.

개펄에 작은 생물이 번성하면, 그들을 잡아먹는 물고기와 다른 큰 동물도 먹이가 많아 잘 불어날 것입니다. 실제로 개펄에서는 눈에 보이지 않는 단세포의 식물(규조류)이 햇빛을 가득 받으며 엄청나게 증식하고 있답니다. 우리나라 서해안의 개펄이 없어지는 것을 시민들이 반대하는 이유도 여기에 있습니다.

만일 달이 없다면 밤하늘의 아름다움과 어둠을 밝혀줄 빛만 없어지는 것이 아니라, 죽은 바다가 될 것이며, 그렇게 되면 인간도 살지 못할 것입니다.

질문 82.
음력과 양력은 날자에 어떤 차이가 있습니까?

오늘날 우리가 사용하는 달력(태양력)이 생기기까지는 긴 세월이 걸렸습니다. 지금의 달력은 1582년에 만들어졌으며, 그것을 정한 당시 로마 교황의 이름을 따서 그레고리오력이라고 부릅니다.

음력은 달이 차고 기우는 주기를 기준으로 한 달력입니다. 이번 보름이 다음 보름이 되기까지는 약 29.5이 걸립니다. 그러므로 음력은 1달을 30일과 29일로 번갈아 정하고 있습니다. 이렇게 음력으로 12개월이 지나면

354일이 되어, 양력보다 약 11일 모자라게 됩니다. 그래서 음력은 약 3년 마다 윤달이라고 하여, 1달을 더 넣어 1년을 13개월로 함으로써 양력의 날에 맞추고 있습니다. 그러므로 음력을 기준으로 하여 계절의 변화를 정하려고 하면 윤달의 날 수 만큼 오차가 생깁니다.

양력은 지구가 태양의 둘레를 1바퀴 도는 기간인 365.256일을 기준으로 만든 달력입니다. 그러므로 양력에서는 4년마다 하루를 더하여 366일로 하는 윤년을 두고 있습니다. 3년 동안의 평년에는 2월이 28일까지 있지만, 윤년이 되는 해에는 2월이 29일까지 있지요.

참고로 윤년인 해는 연도를 4로 나누었을 때 나머지 없이 떨어지는 해 즉 2008년, 2012년 등입니다. 그러나 100으로 나누어지는 2100년 2200년은 평년으로 합니다. 하지만, 400으로 나누어지는 해는 다시 윤년으로 하기로 천문학자들은 정하고 있습니다.

제 4 장

우주개발과 천체관측

질문 83.
우주탐사선은 무엇을 관찰합니까?

우주를 관찰하거나, 우주에서 지상을 조사할 목적으로 우주 공간에 올려 보낸 것을 인공위성이라 합니다. 인공위성은 크게 3가지 종류가 있습니다.

1. 지구를 연구하고 통신을 돕는 인공위성 : 지구의 기후와 환경 변화를 추적하고, 전화나 텔레비전, 네비게이션 등의 통신망을 연결하는 위성. 우리의 삶에 직접적인 도움을 줍니다.

2. 우주를 살피는 인공위성 : 허블 우주망원경이나 적외선 관측위성처럼 먼 천체의 모습과 그곳으로부터 오는 방사선 등을 조사하는 우주선입니다.

3. 태양계 내의 다른 행성으로 가서 조사하는 인공위성 : 화성탐사선 바이킹을 비롯하여 보이저호, 파이오니어호, 마리너호 등은 행성을 조사한 대표적인 로봇 우주탐사선입니다.

질문 84.
로켓은 공기가 없는 우주공간을 어떻게 날아갑니까?

실험으로 고무풍선에 바람을 잔뜩 불어넣고 그 입을 놓으면, 입 쪽으로 바람이 거세게 나감에 따라 풍선은 앞으로 나가게 됩니다. 배를 타고 노를 저으면, 배는 노가 물을 미는 방향과 반대방향으로 움직입니다. 이런 현상을 우리는 작용과 반작용의 법칙이라고 합니다. 즉 '작용하는 힘과 반대방향으로 똑같은 힘이 작용'한다는 이 자연법칙은 뉴턴의 제3법칙이라고 합니다.

휘발유나 석유와 같은 연료를 태우면 뜨거운 가스가 생겨납니다. 고열의 가스는 부피가 수백갑절 팽창합니다. 자동차는 연료 가스가 팽창하는 힘으로 엔진을 돌려 전진합니다. 로켓은 뜨거운 가스가 강력하게 분출하는 방향과 반대방향으로 전진합니다. 이런 힘을 로켓의 추진력이라 하지요. 얼른 생각하기에, 로켓은 꽁무니(노즐이라 함) 뒤에 공기가 있어야, 배의 노처럼 그것을 밀고 앞으로 나아갈 수 있다고 생각합니다.

사진 84. 템플 혜성과 충돌하는 실험을 하기 위해 소형 자동차 크기의 혜성탐사선 '디프-임팩트' 호가 발사되고 있습니다. 2005년 1월 12일에 델타-2 로켓에 실려 발사된 이 탐사선은 이해 7월 4일 펨플 혜성에 물체를 쏘아 보내 충돌하는 모습을 촬영했습니다(질문 56. 참조).

그러나 뉴턴의 제3법은 기체가 분사되기만 하면, 그 반작용으로 앞으로 나아갑니다. 또한 사람들은 로켓은 산소가 있어야 연료를 태워 고압가스를 분사할 수 있다고 생각합니다. 사실 그렇습니다. 그래서 공기(산소)가 없는 진공 속을 날아야 하는 우주선의 로켓은 떠날 때 연료와 함께 산소도 운반해갑니다. 우주공간은 진공이므로 마찰이 없습니다. 또 우주공간은 우주선을 잡아당기는 중력이 거의 작용하지 않기 때문에, 우주선은 작은 로켓으로도 먼 거리를 아주 빠른 속도로 비행할 수 있습니다.

질문 85.
최초의 인공위성은 언제 성공했습니까?

미국과 러시아 사이의 우주개발 경쟁은 1950년대에 시작되었습니다. 미국보다 먼저 우주개발 계획에 나선 러시아는 1957년 10월 4일에 역사상 처음으로 '스푸트니크 1호'라는 인공위성을 지구 궤도에 올리는데 성공했습니다. 스푸트니크의 무게는 성인의 체중에 가까운 83.6킬로그램이었으며, 그것은 22일 동안 지구 둘레를 돌며 지상과 전파 교신을 한 후 대기권 속으로 떨어졌습니다.

우주개발 경쟁에서 뒤진 미국은 1958년 1월 31일에 무게 14킬로그램의 우주선 '익스플로러 1호'를 궤도까지 쏘아 올리는데 처음으로 성공했습니다. 익스플로러 1호의 무게는 러시아의 첫 우주선 무게의 6분의 1에 불과했습니다.

질문 86.
최초의 우주비행사는 누구였습니까?

사람이 타지 않은 무인 위성은 우주에 올릴 수 있었지만, 사람이 탄 우주선은 너무 위험하여 성공하기 어려울 것이라고 대부분의 사람들은 생각했습니다. 그러나 스푸트니크 1호에 성공한 러시아는 사람이 탈 수 있는 유인우주선 '보스토크' 우주선을 개발했습니다. 1961년 4월 12일, 보스토크 1호에는 '유리 가가린'이 최초의 우주비행사로 선발되어 1시간 반 동안 성공적으로 우주를 비행하고 돌아왔습니다. 최초의 우주인인 유리 가

가린은 1968년에 비행기 사고로 세상을 떠났습니다.

질문 87.
우주비행을 한 최초의 동물은 무엇입니까?

러시아는 스푸트니크 1호가 성공한 1달 후, 스푸트니크 2호에 '라이카'라는 이름을 가진 개를 태워 1957년 11월 3일 발사하는데 성공했습니다. 라이카는 조그마한 암캐로서 사람보다 앞서 처음으로 우주를 비행한 동물이 되었습니다. 라이카는 우주에서 2,3일간 살다가 죽었습니다. 스푸트니크 2호가 지구로 다시 돌아온 때는 다음해 4월이었습니다.

미국은 1958년 12월부터 원숭이 종류를 우주선에 태워 발사하는 실험을 수차례 한 후, 1961년 11월에 '에노스'라는 침팬지를 머큐리 우주선에 태워 지구 궤도를 두 바퀴 선회한 후 살아서 돌아오게 하는데 성공했습니다. 침팬지가 성공적으로 살아서 돌아오자 그때부터 유인 우주비행에 자신감을 가지게 되었습니다.

질문 88.
우주공간에서 우주선 밖으로 나가 걸은 최초의 사람은 누구입니까?

1965년 3월 18일, 러시아의 우주비행사 알렉세이 레오노프는 보스토크 2호를 타고 지구 궤도에 올라가, 우주선 문을 열고 우주공간으로 나가 헤엄치듯 걸어 다닌 최초의 사람이 되었습니다. 그는 이때 10분 동안 우주

사진 88. 우주비행사가 우주정거장 밖으로 나가 태양전지판을 점검합니다.

유영을 했습니다. 여자로서 처음 우주 유영을 한 사람도 러시아의 우주비행사 스베틀라나 차비츠가야였습니다. 그녀는 1984년 7월에 소유즈 우주선을 타고 우주 공간에 나가 3시간 반 동안 활동했습니다.

미국인으로 첫 우주유영을 한 사람은 1965년 6월 제미니 4호를 탔던 에드워드 화이트 2세였습니다. 그리고 미국 여성으로 첫 우주 유영을 한 비행사는 1984년 10월에 우주왕복선 챌린저호를 타고 나가 3시간 반 동안 선외활동을 한 캐드린 D. 설리반입니다.

질문 89.
최초의 여성 우주비행사는 누구입니까?

우주선을 타고 지구 궤도로 나간 최초의 여성 우주비행사는 1963년 6월 보스토크 6호에 승선한 러시아의 발렌티나 V. 테레스코바 니콜라에바입니다. 그녀는 3일 동안 우주비행을 하면서 지구를 48바퀴 돌았습니다.

미국인으로 최초의 우주비행사가 된 사람은 그로부터 20년 뒤인 1983년 6월 우주왕복선 챌린지호를 타고 나간 5명의 우주비행사 가운데 한 사람인 샐리 K. 라이드입니다. 흑인 여성으로 첫 우주비행사가 된 사람은 1992년 9월 우주왕복선 엔디버호를 탄 마에 캐롤 제미슨이랍니다.

질문 90.
최초로 달에 착륙한 우주비행사는 누구입니까?

우주개발 연구에서 러시아에 선수를 빼앗긴 미국은 그 후 적극적으로 우주개발에 나섰습니다. 미국은 러시아보다 먼저 달 표면에 우주비행사를 내려 보낼 계획을 세우고 유인우주선 개발에 박차를 가했습니다.

미국이 만든 최초의 유인 우주선은 1사람이 탈 수 있는 '머큐리'라고 부른 우주선이었습니다. 미국은 러시아의 첫 유인우주선 보스토크 1호가 발사되고 23일이 지난 후 '미국의 첫 우주비행사 앨런 셰퍼드가 탄 머큐리 우주선을 지구 궤도까지 보내는데 성공했습니다.

이어 미국은 두 사람이 타는 더 큰 '제미니' 우주선을 만들어 1963년부터 1966년 사이에 수차례 우주비행에 성공했습니다. 제미니 계획에 이어

◀**사진 90-1.** 달까지 세 우주비행사와 달착륙선을 운반한 아폴로 우주선의 모습입니다.

▶**사진 90-2.** 달 표면에 내린 아폴로 11호의 우주비행사. 이때는 달차를 가져가지 않았습니다.

◀**사진 90-3.** 아폴로우주선의 우주비행사가 달차를 타고 달 위를 빠르게 다니며 탐험합니다.

미국은 달에 우주비행사를 착륙시켜 달을 탐험하도록 하는 아폴로 계획을 적극적으로 추진했습니다. 달에 사람이 내리려면 적어도 3사람의 우주비행사가 탈 수 있는 우주선이 필요했습니다. 3인승인 아폴로 우주선(사진 90-1)은 매우 무거웠기 때문에 그것을 발사할 대형 로켓(새턴 로켓)도 개발했습니다.

1969년 7월 20일은 아폴로 11호에 탄 우주비행사가 처음으로 달에 착륙한 역사적인 날이었습니다. 이날 닐 암스트롱과 버즈 앨드린 두 비행사는 아폴로우주선에 부착하고 갔던 달착륙선을 타고 달에 무사히 내렸습니다. 우주복을 입은 두 비행사가 달에 성조기를 꽂고 암석을 채집하는 등 탐험하는 동안(사진 90-2), 달 주변을 선회하는 아폴로11호에는 마이클 콜린이 혼자 남아 두 사람이 돌아오도록 교신하며 기다리고 있었습니다.

인류 최초의 달 탐험이 성공한 이후 미국은 1972년까지 아폴로 12호, 14호, 15호, 16호, 17호를 달에 착륙시켜 암석을 채집하여 가져오고, 여러 곳을 탐험하는 실험을 했습니다. 달 표면에 4번째로 착륙한 아폴로 15호 때부터는 달 위를 지프처럼 달리는 달차(사진 90-3)도 가져갔습니다. 달차에 탄 우주비행사들은 빠르게 다니면서 더 넓은 곳을 조사하고 많은 암석을 채집하여 지구로 운반해 왔습니다.

인류 역사상 처음으로 달에 내린 닐 암스트롱은 1951년 한국전쟁 때는 공군 조종사로 참가하여 활약하기도 했답니다. 그가 달착륙선 이글호를 타고 달에 내려 첫발을 내딛고 남긴 말은 과학의 역사에서 중요한 의미를 가지고 있습니다. “한 인간이 내민 작은 한 걸음이지만, 인류에게는 거대한 한 번의 도약입니다.”

질문 91.
우주왕복선은 어떻게 우주를 비행기처럼 오가며 비행합니까?

미국의 항공우주국이 우주왕복선을 발사할 때마다 전 세계의 신문방송은 그 소식을 전합니다. 거대한 구름처럼 로켓의 분사 가스를 하얗게 뿜으며 공중으로 솟아오르는 우주왕복선의 발사장면은 첨단의 과학기술 세계를 실감케 합니다. 우주왕복선을 영어로는 '스페이스 셔틀'이라 하는데, 셔틀이라는 말은 왕복하는 교통기관이라는 뜻입니다.

우주왕복선은 두 날개를 펼친 비행기처럼 생겼으며, 이를 '오비터'(궤도를 나는 비행체라는 뜻)라고 부릅니다. 이러한 우주왕복선을 발사할 때는, 우주왕복선이 지구탈출 속도를 내도록 거대한 로켓과 연료를 채운 탱크들을 붙이고 있습니다. 우주비행사가 타는 조종실과 짐을 싣는 화물칸으로 구성된 오비터가 무중력 궤도에 오르면, 붙이고 있던 로켓과 연료탱크는 떨어져 나가고 없습니다. 그리고 오비터(우주왕복선)가 우주에서 임무를 마치고 지구로 돌아올 때는 로켓 연료를 사용하지 않고 마치 글라이더처럼 대기권 속으로 활주하여 착륙장 활주로에 내립니다.

플로리다 주의 케네디우주센터 발사장에 우뚝 선 우주왕복선을 보면, 오비터가 거대한 탱크 1개와 조금 작은 2개의 로켓 부스터를 껴안고 있는 것처럼 보입니다. 제일 큰 외부 연료탱크 1개는 오비터를 궤도까지 추진하는 연료(액체 상태의 산소와 수소)가 들었고, 2개의 로켓 부스터에는 오비터를 궤도 중간쯤까지 추진하는 고체연료가 실렸습니다.

우주왕복선이 발사대를 박차고 출발하면 2분 후 지상 약 46킬로미터 높이에 이릅니다. 이때 좌우 양쪽 부스터에 실린 연료가 먼저 소모되고, 부스터는 낙하산을 펼치고 지상으로 떨어집니다. 제작비가 많이 드는 부스터는 다음 발사 때 재사용할 수 있습니다. 이후 오비터는 큰 탱크에 실린

사진 91-1. 우주왕복선 엔디버호가 발사준비를 하고 있습니다.

연료의 힘으로 발사된 지 8분 30초 후 111킬로미터 상공까지 올라갑니다. 궤도에서 오비터와 분리된 외부 연료탱크는 인력에 끌려 지상으로 떨어지면서 공기와 마찰하여 타버립니다.

미국 항공우주국은 7명의 우주비행사와 2만 2,700킬로그램의 많은 짐을 싣고 궤도를 오가는 오비터를 처음에 5대 만들었습니다. 100회 이상 재사용할 수 있는 각 오비터의 이름은 '엔터프라이즈', '콜럼비아', '챌린저', '디스커버리' 그리고 '애틀랜티스'였습니다. 그러나 1986년과 2003년에 사고로 챌린저호와 콜럼비아호는 공중에서 파괴되고 말았습니다. 이때 우주비행사까지 모두 목숨을 잃었습니다. 그 후 '엔디버'호 1대를 추가로 만들었습니다.

우주왕복선은 한 번 떠나면 대개 1주일 정도 우주에 머뭅니다. 우주왕복선에는 많은 짐을 싣고 올라갈 수 있으며, 우주에 떠도는 작은 우주선

사진 91-2. 우주왕복선(오비터)이 비행기처럼 활주로에 내리고 있습니다.

등을 담아 싣고 지상으로 오기도 합니다. 지구 대기권으로 들어온 오비터는 공기와 마찰하여 표면 온도가 높이 올라갑니다. 그러므로 오비터의 표면은 고열에 잘 견디는 특수한 물질로 만들어져 있습니다.

우주왕복선이 궤도에 있는 동안에는 밤하늘에서 그것을 찾아볼 수 있습니다. 우주왕복선이 밝은 빛을 반사하며 별 사이를 유성처럼 이동하는 것이 지상에서 맨눈으로 보이니까요.

질문 92.
우주왕복선은 지구로 귀환할 때 공기와의 마찰로 생기는 뜨거운 열을 어떻게 견딥니까?

우주왕복선이 우주공간에서 지구로 다시 진입할 때는 공기와의 마찰로 그 표면이 최고 섭씨 1,200도 정도로 뜨거워집니다. 이런 고열에 잘 견디도록 우주선의 표면 전체는 약 2만 개의 내열성 타일이 감싸고 있습니다. 이런 내열 타일은 고열을 받아도 쉽게 타거나 깨어지지 않습니다.

또한 외부가 그토록 뜨거워도 내부의 선실은 평상 온도로 보온됩니다. 만일 그렇지 못하다면 고열 때문에 우주비행사도 위험하지만, 내부의 기계와 전자장비에도 이상이 발생할 것입니다.

질문 93.
무중력 상태에서도 사람은 불편 없이 살 수 있습니까?

우주왕복선을 타고 있는 우주비행사들은 우주복을 벗고 무중력 세계에서 활동하고 있습니다. 우주선 안에는 호흡에 필요한 공기가 공급되고 있으며, 적절한 온도가 유지되기도 합니다. 그러나 지구의 중력이 미치지 않기 때문에 승무원들은 무거운 것을 손에 들어도 무게를 느끼지 못합니다. 따라서 우주선 안에서는 먹고 자고 운동하는 것이 지상과 아주 다릅니다.

예를 들어, 우주왕복선 안에서 먹는 음식이 부서지기 쉬운 것이라면 부스러기가 이리저리 날립니다. 그러므로 음식은 죽처럼 만든 것을 비닐봉지나 깡통에 넣어 빨대로 빨아먹도록 준비합니다. 음식 접시에 놓을 수 있는 것은 모두 단단한 것입니다.

잠잘 때는 적당한 장소에 자신의 몸을 묶거나 침대에 붙은 침낭을 이용합니다. 그렇게 하지 않으면 몸이 이리저리 떠다니다 벽에 부딪히기도 할 것입니다. 우주선 안에서는 운동이 매우 중요합니다. 우주선 내부에서는 근육을 쓸 일이 없으므로 근육이 긴장되지 않고 풀어집니다. 그러므로 우주선 승무원들은 적절하게 상체와 하체의 근육운동을 일정 시간 한답니다. 그리고 승무원들의 배설물은 진공 화장실 속으로 빨려들어 갑니다.

질문 94.
우주선 속에서 가장 오래 머문 사람은 누구입니까?

러시아의 우주비행사 무사 H. 마나로프는 두 차례 우주비행을 하면서 총 541일을 우주선 속에서 보냈습니다.

질문 95.
우주복은 어떤 역할을 해줍니까?

우주비행사가 우주선 밖으로 나가 우주망원경이나 다른 인공위성을 수리하는 등 작업을 할 때는 반드시 우주복을 입어야 합니다. 우주복은 공기가 통하지 않는 방호복입니다. 우주복은 섭씨 120도의 고온에서부터 영하 120도에 이르는 저온에서도 내부 온도를 적절하게 유지시켜야 합니다. 우주복을 입으면 산소만을 호흡해야 하고, 폐에서 나오는 이산화탄소는 자동으로 흡수되도록 해야 하며, 옷 내부의 압력이 지상과 비슷하게 유지되도록 해야 합니다.

또한 우주복은 강력한 우주 방사선이나 전자파를 막아주고, 우주에서 날아온 돌멩이와 충돌해도 잘 견디도록 몇 겹으로 튼튼하게 만듭니다. 그러므로 우주복의 무게는 엄청 무거워집니다. 달에 착륙한 우주비행사들은 무게가 84킬로그램이나 되는 세상에서 가장 무거운 옷을 입었습니다. 지상에서라면 우주복을 입고 일어서기조차 어려웠겠지만, 달에서는 그 무게가 14킬로그램 밖에 나가지 않았습니다.

우주복은 크고 무겁더라도 관절을 잘 움직이며 쉽게 작업할 수 있어야 합니다. 그러므로 우주복 디자인은 매우 복잡합니다. 머리에 쓰는 우주복의 헬멧은 강력한 태양빛을 60% 정도 반사하여 내부의 온도가 너무 오르지 않도록 만듭니다.

우주인들은 등에 커다란 가방을 메고 있습니다. 이 가방은 '생명유지장치'라고 부르는 매우 중요한 것입니다. 여기에 숨쉬는 산소와 마실 물이 들었고, 물을 순환시켜 내부의 온도가 오르거나 내리지 않도록 하는 장비들이 갖추어져 있습니다. 또 작업 중에 땀이 흐르면 밖으로 내보내는 일도 합니다. 우주복의 주머니에는 통신장비와 심장의 동작상태를 감시하는 의료장비가 담겨 있습니다.

사진 95. 우주왕복선에 탄 우주비행사들은 생명선이 연결되지 않은 우주복을 입고 자유롭게 우주 공간을 산책하며 작업합니다.

질문 96.
우주비행사들은 어떤 훈련을 받습니까?

우주비행사 후보를 선정할 때는 건강 상태와 능력 심사가 매우 까다롭습니다. 우주선을 타는 승무원은 각자 임무가 다릅니다. 그러므로 우주비행사는 승선에 앞서 자신이 해야 할 일에 따라 각기 다른 종류의 훈련을 받아야 합니다. 예를 들어, 우주왕복선에 승선하는 비행사들에게 주어진 임무는 다양합니다.

1. 우주왕복선의 비행을 전담하는 파이로트와 같은 우주선 조종사
2. 우주선에서 행하는 중요한 과학 실험을 하는 과학자 승무원
3. 인공위성을 궤도에 내려놓거나 수리하며, 각종 기기를 다루는 승무원
4. 우주선 안팎에서 지구 환경이나 자원을 탐사하는 승무원
5. 우주공간에서 일어나는 인체의 변화를 연구하는 의학자 등이 있습니다.

우주비행사들은 자기가 해야 할 업무에 필요한 훈련 외에, 우주선 발사 때나 지구로 진입할 때 일어나는 심한 가속도 변화에 대한 신체 적응 훈련, 무중력 상태에서 장시간 잘 견디는 훈련 등을 1년 반 또는 그 이상 받고 있습니다.

질문 97.
중력이 있는 지상에서 어떤 방법으로 무중력 훈련을 할 수 있습니까?

우주비행사들은 우주선을 타기 전에 무중력 세계에 잘 적응하고, 그곳에서 작업을 쉽게 할 수 있도록 많은 연습이 필요합니다. 그러나 중력이 있는 지구상에서 무중력 훈련을 하는 것은 불가능한 일입니다. 우주에 나가지 않고 지상에서 무중력과 비슷한 조건으로 모의 훈련을 하는 방법에는 두 가지가 있습니다. 하나는 물속에서 하는 것이고, 다른 하나는 비행기를 타고 고공에서 하는 것입니다.

물속은 완전한 무중력은 아니지만, 물의 부력에 의해 몸과 기구들이 훨

씬 가벼워지므로 다소 무중력과 비슷한 환경이 됩니다. 그러므로 우주비행사는 물속에서 장기간 모의실험을 하여 무중력에 대비한 감각을 익히고 있습니다.

또한 특수하게 개조한 비행기를 타고 고공으로 올라가, 비행기가 저절로 떨어지도록(자유낙하) 하면 약 25초 동안 무중력과 같은 상황을 경험하게 됩니다. 훈련자들은 비행기로 하늘에 오르면 여러 번 무중력 실험을 하고 지상으로 돌아옵니다.

우주선 조종 실험은 마치 자동차 경기 전자게임처럼 우주선 조종 시뮬레이션(모의실험)으로 합니다. 그 외 우주비행사들은 우주선 안에서 음식을 준비하고 먹는 법, 화장실 사용법, 물수건을 이용하여 목욕하는 법 등도 훈련합니다.

사진 97. 자유낙하를 하는 비행기 속에서 약 25초 동안 무중력을 경험합니다. 한 번 비행기를 타면 여러 차례 무중력 훈련을 한답니다.

질문 98.
우주실험실과 우주정거장은 어떤 역할을 합니까?

미국은 1974년부터 우주공간에 몇 년이고 떠 있는 우주실험실을 만들기 시작했습니다. 미국의 우주실험실을 영어로는 스카이랩(Skylab)이라 부릅니다. 이 우주실험실은 지상에서 조립식으로 만든 후, 이것을 우주왕복선에 실어 우주로 나가, 그곳에서 재조립한 것입니다. 러시아는 1986년에 '미르'라는 우주정거장을 우주공간에 올려놓았습니다.

우주실험실은 '우주정거장' 역할도 합니다. 왜냐하면 우주왕복선은 매번 스카이랩에 들려 물자를 공급하고, 우주비행사를 교대하기도 하는 정거장 역할을 하니까요. 스카이랩이나 미르에는 여러 우주비행사가 장기간 머물 수 있으며, 그 속에서는 지상에서처럼 우주복을 벗고 지낼 수도 있습니다. 우주실험실에는 각 분야의 과학자들이 여러 날 지내면서 무중력상태

사진 98-2. 우주실험실(스카이랩)에서 밖으로 나온 우주비행사들 아래로 뉴질랜드가 보입니다.

사진 98-1. 미국의 우주실험실(스카이랩)과 러시아의 미르 우주선이 결합한 국제우주정거장입니다. 이 우주 실험실에서 연구하는 과학자들은 우주왕복선을 타고 오갑니다. 거대한 태양전지판은 우주실험실에서 필요한 전력을 생산합니다

에서 할 수 있는 중요한 과학실험을 한답니다.

미국의 스카이랩과 러시아의 미르는 서로 연결(도킹)하여 공동으로 우주 연구를 하는 국제우주정거장이 되었습니다. 국제우주정거장에는 미국과 러시아만 아니라 다른 나라의 우주비행사도 가서 실험에 참여합니다.

질문 99.
사람이 화성과 같은 행성으로 여행하려면 어떤 방법으로 합니까?

인간이 지구를 떠나 우주여행을 하려면 두 가지 어려운 문제를 우선 해결해야 합니다. 먼저, 사람이 탄 무거운 우주선을 발사하려면 엄청난 양의 연료를 실은 로켓을 만들어야 합니다. 지구에서 발사되는 로켓은 그 연료의 대부분을 지구의 중력을 벗어나는데 사용합니다. 이것은 마치 무거운 짐을 실은 화물차가 경사가 심한 언덕을 오르기 위해서는 많은 연료를 사용해야 하는 것과 같습니다.

그래서 화성 여행을 떠날 때 직접 화성까지 갈 우주선은 만들 수 없습니다. 그래서 사람이 화성에 갈 때는 우주 공간에 건설해 놓은 우주정거장에서 작은 우주선을 타고 출발하도록 하려 합니다. 그러면 우주선은 약간의 연료만 가지고도 화성까지 다녀올 수 있습니다. 이것은 마치 무거운 화물차라도 평지나 경사지에서는 연료를 조금 사용하여 달리는 것과 같습니다.

다음은 화성 여행에 너무 많은 시간이 걸린다는 것입니다. 지금과 같은 비행방법으로 화성에 가려면 가는 데만 7개월 이상 걸립니다. 장기간 비좁은 우주선 속에서 지낸다는 것은 견디기 어려운 일입니다. 도중에 병이 나면 치료받기도 곤란합니다. 지난 날(1986년) 러시아의 우주정거장인 '미르'에서는 366일 동안이나 두 사람의 우주비행사가 계속해서 생활하여, 인간이 행성으로 긴 여행을 떠나도 살 수 있다는 것을 보여주었습니다.

또 한 가지 난문제는 우주비행사들의 배설물을 처리하는 일입니다. 오물을 우주공간에 버릴 수는 없습니다. 그러므로 과학자들은 우주선 속에서 식물을 키우는 비료로 재활용하거나, 배설물에 미생물을 길러 전기를 생산하는 방법을 연구하고 있습니다.

사진 99. 화성 남극에 보이는 흰 부분은 얼음이라고 생각되고 있습니다.

과학자들은 항상 먼 미래를 장기적으로 생각하고 준비합니다. 언젠가 머나먼 우주비행을 해야 할 때를 대비하여 더 적은 연료를 사용하여 더 빨리 비행하는 '이온 로켓'이라는 것을 연구하고 있습니다. 이론상으로 이온 로켓은 시속 1만 6,000킬로미터까지 속도를 낼 수 있습니다. 한편 과학자들은 화성 여행을 쉽게 할 수 있도록, 지구와 화성 사이라든가 화성의 주변 궤도에 우주정거장을 건설하여, 오가는 중에 휴식을 취하거나 보급품을 받는 계획도 세우고 있습니다. 그런 날이 오면 화성과 지구는 이웃처럼 가까워질 것입니다.

질문 100.
다른 천체에 인간과 같은 지능을 가진 생명체가 살고 있을 가능성은 얼마나 있나요?

현재 태양계 안에서는 지구에만 생명체가 살고 있습니다. 우주에는 헤아릴 수 없이 많은 천체가 있으므로, 어딘가에 인간과 같은 지능 생명체가

살고 있을 가능성이 있다고 많은 과학자들은 이론적으로 생각합니다. 하늘에 보이는 어떤 별에 지능 생명체가 살고 있으려면 적어도 다음과 같은 조건을 갖추어야 합니다.

1. 태양의 둘레에 8개의 행성이 있듯이, 그 별도 행성을 가지고 있어야 합니다.

2. 그의 행성 중에는 지구처럼 생명체가 태어나 살 수 있는 환경을 가지고 있어야 합니다.

3. 그 행성은 원시 생명체가 탄생하여 지능 생명체로 진화할 수 있는 긴 나이를 가진 것이어야 합니다.

천문학자 드레이크는 외계인이 존재할 확률을 1961년에 수식으로 나타냈습니다. '드레이크 방정식'이라고 하는 이 수식은 매우 복잡하지만 흥미롭습니다. 이 방정식에 따르면 하늘의 별 10개 중에 1개에는 지능 생명체가 존재할 가능성이 있다고 계산한답니다. 그의 생각에 따르면 1,000억 개의 별이 있는 은하계에만 해도 100억 개의 천체에 생명체가 산다고 할 수 있습니다.

어떤 천체에 생명체가 있다 하더라도, 모두 인간과 같은 모습의 지능 생명체로 진화하지 않았을 수도 있습니다. 또 어떤 천체는 지구와는 전혀 다른 모습의 생명체가 있을지도 모릅니다. 만일 어느 천체에 문명이 발달된 외계인이 있어 지구인과 통신을 할 수 있으려면, 그 생명체는 오늘날의 지구인과 비슷한 기술문명을 발전시키고 있어야 하겠지요. 이러한 상상은 외계인이 등장하는 수많은 공상과학 영화와 소설의 이야기가 됩니다.

질문 101.
과학자들은 외계인의 존재를 확인하기 위해 어떤 노력을 하고 있습니까?

1930년대에 미국의 천문학자 프랭크 드레이크는 미국 웨스트버지니아 주의 그린뱅크에 있는 국립전파천문관측소에서 몇 개월 보내게 되었습니다. 그때 그는 황소자리의 어느 별 근처에서 오는 전파를 관측하던 중에 외계의 생명체를 찾는 연구가 필요하다는 생각을 하게 되었습니다.

그의 노력으로 1960년에 '세티(SETI) 계획'이라 부르는 외계인 조사 프로그램이 시작되었습니다. 세티 계획은 우주에서 오는 전파 신호를 조사하여, 그 속에 어떤 지능 생명체가 발신한 전파가 있는지 조사하는 것입니다. 바꾸어 말해, 만일 외계인이 있어 그들도 지구인과 같은 세티 계획을 추진하고 있다면, 그들은 지구상의 방송국에서 보내는 전파라든가, 지구와 인공위성 사이에 오가는 통신 전파 등을 수신할 가능성이 있다고

사진 101. 외계인을 조사하기 위한 세티 계획에 사용되고 있는 세계 최대의 아레시보 전파망원경. 푸에르토리코에 있는 이 전파망원경은 직경이 305미터이며, 땅 속에 고정되어 있습니다. 1963년에 완성되었으며, 제임스본드의 영화 '골든아이' 의 무대가 되기도 했습니다.

상상할 수 있습니다.

세티 계획에 사용하는 전파망원경은 1대가 동시에 수만 채널의 전파를 수신할 수 있는 것이었습니다. 1985년에는 세티 계획을 확대시켜 840만 채널의 전파를 수신할 수 있는 'META 계획'으로 업그레이드시켰습니다. 이때 유명한 영화감독 스필버그도 이 연구에 쓰도록 후원금을 기부했답니다.

또한 1995년부터는 더욱 진보된 기술을 사용하는 'BETA 계획'을 세워 약 25억 채널의 우주전파를 동시에 검사하게 되었습니다. 과학자들에게는 외계인을 찾으려는 세티 계획이 반드시 성공해야 한다는 것보다, 미지의 세계를 끊임없이 탐험하는 노력 자체도 중요하답니다.

질문 102.
머나먼 우주 탐사를 떠난 보이저 1호와 2호의 임무는 무엇이었습니까?

두 보이저 우주선은 지금까지 인류가 외계로 보낸 탐사선 중에서 가장 멀리 갔답니다. 지구를 떠난 지 30년 이상 지났으며, 현재 두 우주선은 지구와 태양 사이의 거리보다 100배 이상 더 먼 곳에서 태양계의 경계를 벗어나고 있습니다.

태양의 둘레에는 8개의 행성이 서로 다른 위치에서 돌고 있습니다. 그런데 태양과 지구와 달이 일직선상에 가끔 오듯이, 176년마다 한 차례씩 화성, 목성, 토성, 천왕성, 해왕성 5개의 행성(지구 밖에 있다고 하여 외행성이라 부름)이 거의 일직선으로 줄을 서게 됩니다. 이럴 때 탐사선을 보내면 차례로 지나가면서 한꺼번에 여러 행성을 조사할 수 있습니다.

사진 102. 미국 항공우주국은 1977년과 1978년에 보이저 우주선 1호와 2호를 발사했습니다. 두 우주선은 목성과 토성, 천왕성, 해왕성, 명왕성을 탐사하고 현재 지구와 태양 사이의 거리보다 100배 이상 더 먼 우주공간으로 여행하고 있습니다.

지난 1977년은 그러한 기회였습니다. 미국항공우주국은 1977년에 보이저 2호를 먼저, 보이저 1호는 1달 뒤에 우주로 보냈습니다. 보이저(voyager)는 '모험을 떠나는 항해자'라는 의미입니다. 두 보이저 우주선에는 관측 장비 외에 매우 흥미로운 짐이 있었습니다. 그것은 이 우주선이 외계인에게 발견되는 기회를 예상하여, 지구와 지구인의 모습을 보여주는 사진을 담은 비디오와, 남녀 지구인의 모습, 지구의 위치를 그림으로 알리는 동판을 실었습니다. 비디오에는 시드니의 오페라하우스를 비롯한 지구상의 여러 명소 장면, 지미 카터 당시 대통령과 그의 인사말, 고래의 울음소리, 천둥소리, 바람소리, 빗소리, 개가 짓는 소리, 아기가 우는 소리, 인간의 심장박동 소리, 인간의 뇌파 등을 담은 테이프도 실었답니다.

보이저 1호는 그 사이 목성과 토성을 탐사하고 태양계 밖으로 나가고 있으며, 보이저 2호는 목성, 토성, 천왕성, 해왕성 네 행성을 탐사한 후 태양계를 벗어나고 있습니다(질문 86 참조).

질문 103.
우주탐사를 하는 동안 불행한 사고는 없었습니까?

유인 우주선 발사를 실험하는 동안 여러 차례 불행한 사고가 있었습니다. 우주비행을 떠난 승무원이 우주선 사고로 죽기도 하고, 지상에서 훈련 도중이나 시험 중에 목숨을 잃기도 했습니다.

우주비행사가 희생된 첫 사고는 1967년 아폴로 1호를 발사하려고 준비 중일 때, 우주선 내부에서 일어난 화재로 세 승무원이 모두 죽은 일입니다. 1967년 4월에는 러시아의 소유즈 우주선이 지상으로 내려올 때 낙하산이 펴지지 않아 그대로 추락하여 승무원 1인이 희생되었지요.

우주개발 프로그램 중에 가장 큰 사고는 1986년 1월 우주왕복선 챌리저호가 발사 73초 후에 공중에서 폭발하여 승무원 일곱 사람이 모두 희생된 일입니다. 그리고 2003년에는 우주왕복선 콜럼비아호가 임무를 마치고 지구 대기권으로 진입 중에 발생한 사고로 다시 7명의 승무원이 목숨을 잃었습니다. 그 외에 1971년 6월에는 러시아의 소유즈 2호의 사고로 세 승무원을 잃었습니다.

사진 103. 1986년 1월에는 우주왕복선 챌린저호가 발사 후 연료탱크에서 연료가 스며 나와 공중에서 폭발하는 사고를 당했습니다.

질문 104.
우주탐험선이 빛의 속도로 달린다면 어떤 일이 생기나요?

옛 사람들은 가장 빠른 것을 '번개 같다'고 표현했습니다. 번개는 빛이므로, 빛의 빠름을 의미한 것이라고 생각합니다. 빛은 '광자'라고 부르는 입자이면서 파이기도 합니다. 과학자들은 광자는 크기도 없고 무게도 없는 입자라고 합니다.

이러한 광자의 속도는 초속 약 30만 킬로미터입니다. 그런데 화성이나 토성 등의 행성을 탐험하는 우주선의 속도는 광속의 약 5,000분의 1인 초속 약 60킬로미터이므로, 속도를 비교한다면 마치 경주자동차 앞에서 거북이 기어가는 듯 합니다.

만일 우주탐사선이 목적지를 향해 빛의 속도(광속)로 달린다면 어떤 현상이 나타날까요? 그때는 매우 이상스런 일이 벌어집니다. 광속으로 가는 물체를 멀리서(외부에서) 바라보면, 그 물체는 "길이가 짧아지고, 부피가 증가하며, 시간이 짧아진다."고 물리학자는 말합니다. 그러나 막상 우주탐사선을 타고 있는 사람들에게는 길이나 부피, 시간의 변화가 없이 모두 정상이라고 합니다.

광속의 세계 속에서 일어나는 신비한 현상은 일반사람들이 상상하거나 이해하기에 너무 어렵습니다. 아인슈타인은 이런 문제를 가장 먼저 연구한 과학자로 유명합니다. 일부 물리학자들, 특히 상대성이론에 대해 연구하는 과학자들은 가속기라고 부르는 실험장비를 이용하여 실재로 그런 현상을 확인하고 있답니다.

과학자들은 중력이 강하면 그곳에서는 시간이 늦게 간다고 설명합니다. 예를 들어 중력이 없는 무중력 우주공간에서보다 중력이 있는 지구에서는 시간이 조금 느리게(측정할 수 없을 정도로 조금이지만) 간다고 하며,

만일 중력이 너무 강해 모든 것이 끌려 들어가는 블랙홀에서는 시간이 거의 가지 않고 멈추어 있다고 합니다. 또 강한 중력은 빛을 끌어당겨 휘어가게 합니다. 우주에서 일어나는 광속, 중력, 시간 등에 대한 신비한 현상은 '상대성이론'에서 다루는 연구입니다.

질문 105.
비행기를 타고는 왜 우주로 나갈 수 없습니까?

우주선을 타고 활동할 우주비행사를 선발할 때는 온 나라가 들썩입니다. 만일 비행기를 타고 우주 공간으로 날아갈 수 있다면 우주비행사 선발이 그처럼 까다롭지 않을 것입니다. 비행기는 지구의 인력(중력)에 이끌리고 있습니다. 사람과 짐을 실어 나르는 오늘날의 비행기로는 아무리 속력을 내도 우주로 나갈 수 없습니다.

만일 비행기가 지구의 중력을 이기고 우주로 나갈 수 있으려면 최소한 초속 11.2킬로미터(시속 4만 킬로미터) 이상의 아주 빠른 속도를 낼 수 있어야 합니다. 지구의 중력을 이기고 우주로 나갈 수 있는 이 속도를 '지구 탈출속도'라고 말합니다. 이 속도는 음속의 30배를 넘습니다. 이렇게 빠른 우주선을 타려면 우주비행사는 건강이 필요하며, 많은 비행훈련을 받아야 합니다.

제트엔진을 단 비행기는 아무리 해도 이런 고속을 낼 수 없으므로, 우주로 나가기 위해서는 특별한 추진기구인 로켓이 필요합니다. 우주선의 크기에 상관없이 같은 탈출속도를 가져야 합니다. 즉 작은 미사일 탄두이거나 대형 달 탐험선이나 모두 이 속도 이상을 낼 수 있어야 지구의 중력을 벗어나 우주로 나갈 수 있습니다.

그러나 달에서 우주로 나가려면 지구에서보다 훨씬 적은 초속 2.4킬로미터의 탈출속도만 내면 됩니다. 만일 태양으로 날아간 우주선이 되돌아오기 위해 태양의 중력을 벗어나려면 그때는 초속 617.5킬로미터의 속력이 필요하답니다. 참고로 수성의 탈출속도는 4.4킬로미터, 화성은 5킬로미터, 목성은 59.5킬로미터, 토성은 35.5킬로미터 입니다.

사진 105. 우주선이 지구의 중력을 벗어나려면 음속의 30배를 넘는 초속 11.2킬로미터 이상의 속도를 낼 수 있어야 합니다.

질문 106.
굴절망원경과 반사망원경은 어떻게 서로 다릅니까?

망원경을 처음 발명한 사람은 안경알을 만들던 한스 리퍼세이라고 일반적으로 생각합니다. 같은 시기에 자카리아스 얀센과 자콥 메티우스라는 사람도 망원경을 만들었지만, 리퍼세이가 1608년에 먼저 특허를 얻었다고 합니다. 리퍼세이는 그의 망원경으로 지상의 물체들을 보았습니다. 그러나 갈릴레이는 1609년에 스스로 망원경을 만들어 천체를 관측하여 놀라운 발견들을 하기 시작했습니다.

망원경에는 가시광선을 이용하여 천체를 관찰하는 광학망원경과, 전파를 관측하는 전파망원경이 있습니다. 그리고 광학망원경은 굴절망원경과 반사망원경 두 가지로 크게 나뉩니다. 굴절망원경은 별을 향하는 렌즈(대물렌즈)가 볼록렌즈로 되어 있고, 반사망원경은 오목거울을 사용합니다. 초기의 망원경은 모두 굴절망원경이었지요. 망원경은 대물렌즈(또는 반사거울)의 직경이 클수록 더 많은 빛을 초점으로 모을 수 있어 어두운 별을 잘 볼 수 있게 해줍니다.

굴절망원경은 대물렌즈의 직경이 1m 이상 커지면 상이 분명하지 않는 광학현상이 일어납니다. 그러므로 천문대에서는 대부분 대형 반사망원경을 사용합니다. 미국 캘리포니아주 팔로마 산의 헤일천문대에는 직경이 5미터에 이르는 거대한 반사망원경이 있습니다. 1948년에 설치된 이 반사망원경은 1974년 러시아가 직경 6미터 반사망원경을 만들기까지 세계 최대 망원경이었습니다. 헤일 천문대의 망원경은 지금도 세계에서 가장 성능이 뛰어난 천체망원경의 하나입니다.

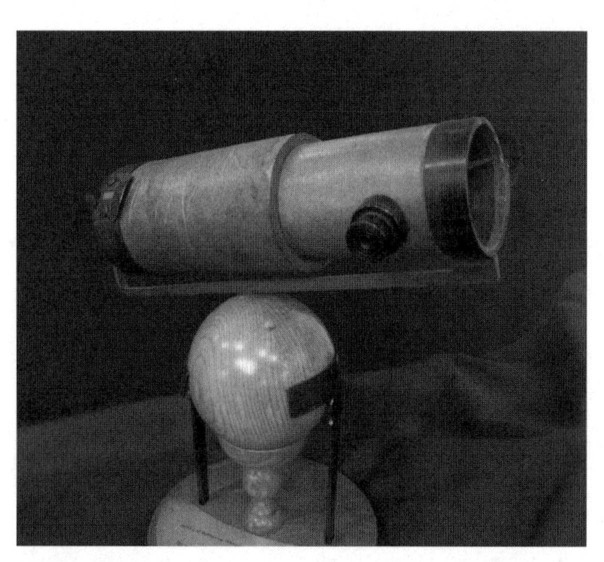

사진 106-1. 뉴턴이 1672년에 만든 반사망원경을 복제한 것입니다.

오늘날 가장 큰 반사망원경은 하와이에 있는 마우나케아 천문대의 직경 10미터짜리 반사망원경과 일본의 8.2미터짜리 반사망원경입니다.

학생들이나 아마추어 천문가들이 사용하는 소형 천체망원경도 두 가지가 판매되고 있습니다. 굴절망원경은 사용하기 편리하지만 가격이 비쌉니다. 그러나 반사망원경은 같은 가격으로 훨씬 큰 것을 살 수 있습니다. 반사망원경을 처음 사용할 때는 조금 거북한 것 같으나 몇 차례 동작해보는 동안 사용법에 익숙해져 불편을 느끼지 않게 됩니다.

사진 106-2. 아마추어 천문가들이 주로 사용하는 굴절망원경(왼쪽)과 반사망원경(오른쪽)

질문 107.
전파망원경은 어떤 망원경입니까?

광학망원경으로 관측하는 천체는 직접 눈으로 보고 사진으로 찍을 수 있지만, 전파망원경으로는 천체가 눈에 보이지 않으므로 컴퓨터로 처리하여 얻은 영상과 그래프를 조사합니다. 우주공간에서 전파가 오고 있다는 사실을 발견한 사람은 1933년 미국 벨연구소에서 연구하던 잰스키였습니다. 그로부터 4년 후인 1937년, 미국의 전자기술자 그로트 레버는 자기 집 마당에 거대한 접시 모양의 전파수신기(전파망원경)를 처음으로 설치하여 우주에서 오는 전파를 조사했습니다.

이때부터 천문학자들은 우주에서 오는 전파를 수신하여 천체에 대한 새

사진 107. 직경 30미터 정도의 전파망원경을 사막에 여러 개 설치하여 거대한 전파망원경 효과를 얻도록 하고 있습니다.

로운 사실들을 속속 찾아내게 되었습니다. 전파망원경으로 천체를 연구하는 과학 분야를 전파천문학이라고 합니다. 전파망원경의 특징은 거대한 접시 모양 수신기를 가지고 있는 것입니다. 이것은 반사망원경의 오목거울처럼 전파를 한곳(초점)으로 모으는 역할을 합니다.

현재 세계에서 가장 구경이 큰 전파망원경은 직경 305m인 미국의 아레시보 전파망원경입니다. 이것은 땅을 접시처럼 파서 만들었습니다(질문 101 참고). 이 망원경은 천체를 조준하도록 움직일 수 없으므로 조사할 대상이 망원경 위에 왔을 때 관측합니다. 오늘날 전파망원경은 여러 가지 형태로 고안하여 만들고 있습니다. 직경 30m 정도의 소형 전파망원경을 여러 개 길게 배치하여 거대한 전파망원경 효과를 얻도록 하기도 합니다. 전파망원경은 낮에도 관측할 수 있고, 날씨가 흐려도 관측에 지장이 없습니다.

질문 108.
허블 우주망원경은 어떤 것입니까?

태양이나 다른 천체로부터는 가시광선, 전파, 적외선, 자외선, 엑스선, 감마선 등의 방사선이 오고 있습니다. 지구를 둘러싼 두터운 대기층은 이

러한 방사선의 일부만 지구 표면까지 도달하도록 합니다. 그러므로 지구상에 있는 천문대는 천체를 관측하기에 조건이 불리합니다. 그러나 우주공간은 관측을 방해하는 공기만 아니라 먼지, 구름, 불빛조차 없는 곳입니다. 따라서 우주에 천문대를 만들어 천체를 관찰한다면 지상에서보다 몇 십 배 선명하게 볼 수 있습니다.

미국의 과학자들이 우주공간에 만든 허블 우주망원경은 반사경의 직경이 2.4미터에 불과하지만, 지상에 있는 10미터 직경을 가진 망원경보다 10배 이상 더 잘 볼 수 있는, 최고 성능의 천체망원경이랍니다.

이 우주망원경은 우주가 확대되고 있다는 사실을 처음 발견한 위대한 천문학자 에드윈 허블의 이름을 딴 것입니다. 1990년에 우주왕복선 디스커버리호에 실려 지상 약 600킬로미터 상공의 궤도에 올려졌으며, 여기에는 사람이 탈 수 없으므로 모두 원격조정으로 관측하고 있습니다. 무게가 약 11톤인 이 망원경은 이후 몇 차례 고치거나 새로운 관측장비들을 보강했습니다. 이러한 보수작업은 우주왕복선을 타고 올라간 우주비행사들이 했답니다.

에드윈 포웰 허블(1889~1953)은 은하를 연구한 유명한 미국의 천문학자입니다. 그는 처음에는 법률을 공부하여 변호사가 되기도 했지만, 천문학이 좋아 일생을 우주 연구에 바쳤습니다. 그는 별 사이에 구름처럼 보이는 수많은 은하를 관측하여 그 모양에 따라 분류하기도 하고, 은하들 사이의 거리가 점점 멀어진다는 사실을 발견하여, 우주는 지금도 빠른 속도로 팽창하고 있다는 것을 알게 되었습니다(질문 9 참조).

질문 109.
천문학자들은 태양을 무슨 망원경으로 관찰합니까?

태양은 지구상에 온갖 생물이 살 수 있게 하는 열과 빛을 보내주고 있습니다. 태양은 여러 종류의 빛과 전자파를 내고 있기 때문에 한 가지 종류의 관측도구만으로는 광범위하게 연구할 수 없습니다. 그래서 천문학자들은 광학망원경, 전파망원경, 인공위성, 코로나그래프, 분광장치 등의 특수한 관측장비를 사용하여 흑점과 코로나, 자장의 변화 등을 관측하고, 태양의 성분 변화를 조사하기도 합니다.

미국 애리조나 주의 키트피크 천문대에는 세계에서 가장 큰 태양관측소가 있습니다. 특히 이곳 천문대가 자랑하는 '맥매스—피어스 태양망원경'은 오목거울의 직경이 1.6미터이고, 그 초점거리는 약 150미터나 된답니다. 1962년에 완성된 이 망원경은 지상으로 높이 30미터의 탑 위에 설치한 거울이 태양을 따라 움직이면서 그 반사광을 지하의 오목거울로 보냅니다. 이 빛은 다른 거울에 반사되어 마침내 지하 50층 깊이에 설치된 관측실에 상이 맺도록 되어 있습니다. 초점거리가 긴 이 망원경은 높은 배율로 태양 표면을 관찰하기에 적합합니다.

사진 109. 키트피크 천문대 앞에 맥매스-피어스 태양망원경이 보입니다. 이 태양망원경은 탑 꼭대기의 거울로 받은 태양빛을 지하에 설치한 오목거울로 보내어 태양의 상을 관찰하도록 합니다.

질문 110.
과학관에 설치된 플라네타륨(천체투영기)은 무엇인가요?

별자리와 중요한 천체를 커다란 둥근 돔의 천정에서 실제 하늘처럼 볼 수 있도록 만든 시설을 플라네타륨 또는 천체투영관이라 합니다. 플라네타륨은 천체의 운행과 모양 등을 알기 쉽게 가르치기 위해 만든 뛰어난 과학교육 장비입니다.

과학관이나 스페이스 센터 등에 설치된 플라네타륨 내부의 의자는 관람자가 모두 천장을 바라보고 눕도록 되어 있습니다. 편안히 누워있으면 해와 달, 별과 행성들의 움직임(운행)과 모양을 구체적으로 보여주며, 북반구에서는 볼 수 없는 남반구 하늘의 남십자성과 같은 별과 별자리까지 보여줍니다.

최초의 플라네타륨은 1920년대에 독일의 칼 자이스 광학회사가 만들었습니다. 오늘날의 천체투영기는 컴퓨터와 음향기기, 비디오 등과 연결되어 있어, 더욱 실감나게 우주의 모습을 나타내 보입니다. 또한 플라네타륨에서는 둥근 천장 화면에 360도로 영상을 비추는 입체감 넘치는 아이맥스 영화를 볼 수 있습니다(질문 112 참조).

질문 111.
천문대는 왜 높은 산정에 세웁니까?

현재 세계 최대의 천체망원경이 설치된 켁 천문대는 하와이의 마우나케아 화산 꼭대기에 있습니다. 켁 천문대에는 구경이 10미터인 반사망원경

이 2대 설치되어 있으며, 하나는 광학망원경이고 다른 하나는 적외선망원경입니다. 두 망원경은 1993년과 1996년에 각각 관측을 시작했습니다.

모든 반사망원경의 오목거울은 특수한 유리로 만듭니다. 직경이 10미터나 되는 오목거울은 만들기도 어렵거니와, 너무 무거워 설치하는 일도 간단치 않습니다. 그래서 이곳의 오목거울은 벌집처럼 6각형으로 작게 만든 거울을 36개 합쳐 하나의 오목거울처럼 되도록 설계하여 제작한 것입니다. 그렇게 해도 이 망원경의 전체 무게는 300톤이나 된답니다.

하와이 섬의 만년설이 덮인 산정에 켁 천문대를 세운 것은 천체관측이 어디보다 유리하기 때문이었습니다. 우선 그곳 산정은 높이가 4,100미터를 넘으므로 대기층이 얇아 흔들리는 기류의 방해를 적게 받습니다. 또한 그곳은 주변에 관측에 지장을 주는 불빛이 없고, 지상에서 생겨난 먼지도 적습니다. 특히 이곳은 연중 날씨가 맑고 건조하여 관측할 수 있는 날이 많습니다. 세계의 모든 천문대가 사람이 접근하기 어려운 높은 산정에 세우는 것은 모두 같은 이유 때문입니다.

사진 111. 하와이 섬 마우나케아 산의 4,200미터 높이에 세운 켁 천문대 전경입니다.

질문 112.
우리나라에는 어떤 천문대가 있나요?

우리나라에는 국립, 공립, 사립 그리고 개인 천문대가 있습니다. 천문우주과학을 연구하는 국립연구기관인 '한국천문연구원'(대전에 있음) 산하에는 소백산 천문대, 보현산 천문대(경상북도), 그리고 대덕전파천문대(대전)가 있습니다.

근년에 와서 강원도 영월의 '별로마 천문대'를 비롯하여, 경기도의 '안성천문대', 경남의 '김해천문대', 경기도 여주의 '세종천문대', 대전의 '시민천문대' 등 지방단체가 세운 공립천문대가 계속 생겨나고 있습니다. 이런 천문대는 시민과 학생들이 주로 찾아와 견학하고 있습니다.

2007년에는 서울 북쪽 양주시 장흥 유원지 계명산에 '송암천문대'가 개관되었습니다. 개인이 세운 송암천문대는 산 중턱에 건립된 스페이스센터 건물과, 산 정상에 세운 천문대로 이루어져 있습니다. 스페이스센터 건물에는 100명 이상의 사람이 동시에 앉아 볼 수 있는 국내 최대 규모의 플라네타륨(천체투영실) 돔을 비롯하여, 영상강의실(우주교실), 전시장, 과학기념품점 등이 있습니다.

이 시설에서 정상의 천문대로 오를 때는 케이블카를 이용합니다. 산정의 천문대에는 구경 60센티미터의 반사망원경을 비롯하여 각종 보조망원경이 20여대 설치되어 있습니다. 이곳 관측소에는 전시실과 교육실이 따로 설비되어 있습니다. 그 외 송암천문대에는 가족이나 단체관람자가 숙식할 수 있는 '스타하우스'라는 숙박시설까지 갖추고 있습니다.

근년에 천문관측을 좋아하는 전국의 아마추어천문가들이 개인천문대를 세워 활발히 관측활동을 하고 있습니다. 이런 모든 천문대는 대부분 일반인에게도 개방하고 있으므로, 인터넷을 통해 공개시간을 확인하고 예약하

◀**사진 112-1.** 송암천문대의 보조 관측실에는 여러 종류의 천체망원경이 설치되어 있어, 각각의 구조와 성능을 비교해볼 수 있습니다.

▲**사진 112-3.** 천체투영실의 둥그런 천정 가득하게 우주에서 바라본 지구의 모습이 보입니다. 이곳에서는 360도로 펼쳐진 별자리 등의 화면을 누운 자세로 봅니다.

◀**사진 112-2.** 송암천문대의 주망원경은 직경이 60센티미터인 반사망원경입니다.

▶**사진 112-6.** 대전의 시민천문대

◀**사진 112-4.** 송암천문대의 스페이스센터 건물 뒤쪽에 둥그런 천체투영실이 있습니다. 이곳에서는 100여명의 사람이 동시에 천정 스크린에 비친 우주를 관찰할 수 있습니다.

▶**사진 112-5.** 산중턱 스페이스센터에서 올려다본 천문대. 천문대에 오를 때는 수시로 왕복하는 케이블카를 이용합니다.

면 견학할 수 있습니다. 밤에 별을 관측하기 원할 때는 날씨가 청명한 날을 선택하도록 합니다.

질문 113.
아마추어천문가란 어떤 사람들을 말합니까?

사람들 중에는 천문학을 전공하거나 천문학자가 아니면서, 천체와 우주에 대해 특별히 관심을 가지고 평소에 천문학을 공부하고 천체관측을 즐겨하는 사람들이 있습니다. 아마추어천문가라고 불리는 이런 사람들은 작은 천체망원경을 직접 만들거나 사서, 집 옥상이나 뜰에 차려두고 틈이 나는 대로 하늘을 관측하며 새로운 천체를 발견하려고 노력하기도 합니다.

아마추어천문가는 미국, 영국, 일본, 독일, 오스트레일리아 등의 나라에 많으며, 새로운 혜성이나 소행성들은 주로 이들이 처음 발견하는 것이 보통입니다. 우리나라에도 최근 학생들을 비롯하여 여러 계층에서 아마추어천문가들이 늘어나고 있으며, 이들은 친구, 선후배, 지역 사람들끼리 클럽을 구성하여 단체로 연구하고 활동하며 발표회를 가지기도 합니다.

천문학 역사에서 가장 이름난 아마추어천문가 한 사람은 영국의 윌리엄 허셜(1738~1822)입니다. 오르간 연주자로 유명하던 그는 천체망원경을 스스로 크고 훌륭하게 만들어 토성의 둘레에 테가 있음을 처음으로 관찰했고, 천왕성과 그 주변의 달별들을 발견했으며, 우리 은하 바깥에 수많은 다른 은하들이 있다는 사실도 처음으로 알아냈습니다.

또 한 사람의 위대한 아마추어천문가는 미국의 에드윈 포웰 허블(1889~1953)입니다. 법률가로서 변호사를 하던 그는 윌슨산천문대에 들어가 일생 천문학을 연구하여, 우주가 빛과 거의 같은 속도로 팽창하고 있다는 증거를 처음으로 발견하는 등, 천문학 발전에 큰 업적을 남겼습니다. 그래서 미국 항공우주국이 지구 바깥에 설치한 우주망원경에는 '허블우주망원경'이라는 이름까지 붙이게 되었습니다 (질문 5, 50, 108 참조).

제 5 장

육지, 바다, 대기

지구 바깥 우주공간에서 지구를 바라보면 청백색입니다. 푸른색은 바다의 빛이고 흰색은 지구를 뒤덮은 구름입니다. 지구의 중심부는 모든 것이 녹아 있는 뜨거운 세계이며, 때때로 화산을 터뜨려 붉은 용암을 쏟아내기도 합니다. 지구의 남극과 북극은 얼음으로 뒤덮여 빙하를 이루고 있으며, 빙하의 끝에서는 거대한 얼음 절벽이 깨어져 바다 위를 떠도는 빙산을 만들고 있습니다.

하늘에는 끝없이 구름이 생겨나고, 지상에는 비바람이 불며, 아침에는 이슬을, 겨울에는 눈이 내립니다. 낮 동안 파랗던 하늘은 저녁이면 붉은 노을을 만듭니다. 때로는 무섭게 번개를 치기도 합니다. 인간과 수많은 생명체가 사는 지구는 신비의 천체입니다. 독자들이 가진 지구에 대한 수없이 많은 의문의 세계를 열어봅시다.

질문 114. 지구는 언제 탄생했습니까?

우주 탄생의 역사는 약 140억 년 전이라는 것에 대해서는 질문1에서 설명했습니다. 과학자들은 달에서 가져온 암석을 조사하고, 우주에서 지구로 떨어진 운석 등을 연구한 결과 지구의 나이는 약 46억년이라고 추정하고 있습니다. 이 시기에 다른 행성들도 생겨났습니다.

지구도 처음에는 거대한 먼지와 가스의 구름 덩어리가 휘돌며 뭉친 상태였습니다. 시간이 흐르면서 구름의 덩어리는 점점 수축하면서 굳어졌습니다. 이때 무거운 철과 같은 금속 성분은 지구의 중심에 모여 뜨겁고 단단한 핵을 이루게 되었습니다.

사진 114. 달에서 바라본 지구의 모습이 반달처럼 둥글게 보입니다. 지구의 보이지 않는 부분은 태양이 비치지 않는 반대쪽이므로 이곳은 밤입니다.

초기의 지구 표면은 온통 화산 천지였습니다. 화산에서는 용암이 흘러나와 지표면을 덮고, 분화구에서는 메탄, 수소, 암모니아와 같은 가스가 분출되어 나와 지구를 덮었습니다. 이때 태양으로부터 오는 자외선은 메탄과 암모니아와 같은 가스를 변화시켜 질소와 이산화탄소(탄산가스)로 변화시켰습니다. 또한 화산 분화구에서 나온 수증기는 비가 되어 지구 표면의 온도를 점점 식혀주고, 빗물은 낮은 곳에 모여 바다를 이루게 되었습니다.

질문 115.
지구상에 최초의 생명체는 언제 생겨났습니까?

우주 밖으로 나가 지구를 바라보면 푸른 바다, 흰 구름, 눈이 덮인 회색의 산, 주황색인 사막, 식물로 덮인 초록색이 어우러져 매우 아름답게 보입니다. 약 35억 년 전의 바다는 온갖 물질이 녹아 뒤섞인 죽과 같은 상태였습니다. 이러한 바다 속에 물과 탄산가스와 태양 에너지를 이용하는 하등한 생물이 처음으로 생겨났습니다. 이 시기에 탄생한 하등식물은 탄산가스를 분해하여 다량의 산소를 내놓았습니다.

사진 115. 우주에서 바라본 이 지구 사진에는 사막의 땅인 아라비아 반도가 잘 보입니다.

수억 년이 지나자 대기 중에 산소의 양이 많아졌고, 그에 따라 더 많은 종류의 식물과 다양한 동물들도 탄생하여 번성할 수 있게 되었습니다. 산소는 호흡에만 필요한 것이 아니라, 생물들이 살아가기 좋도록 태양으로부터 오는 강한 자외선도 막아주었습니다.

질문 116.
지구는 얼마나 크며, 얼마나 빨리 움직이고 있나요?

적도면을 따라 지구의 둘레를 재면 약 39,842킬로미터이고, 지름은 약 12,700킬로미터이며, 지구의 무게는 약 6^{21}(6에 0을 21개 붙인 숫자)톤이랍니다. 지구의 무게를 잴 수 있는 저울은 어디에도 없습니다. 그러나 과학자들은 중력의 법칙을 이용하여 지구의 무게를 추산한답니다.

지구는 마치 초정밀 자동 비행 장치를 단 것처럼 매우 일정한 속도로 팽이처럼 돌면서, 또한 태양의 둘레를 마치 대공원의 메리고라운드처럼 운행하고 있습니다. 지구가 자전하는 속도는 적도에서 가장 빠르고 남북극 쪽으로 갈수록 느려집니다. 지구의 자전 속도를 적도에서 잰다면 시속 1,668킬로미터입니다. 한편 지구는 이런 속도로 자전하면서 1시간에 10만 7,000킬로미터의 속도로 태양 둘레의 궤도를 달리고 있습니다.

지구가 이처럼 빠르게 자전하고 공전하지만, 우리는 그런 것을 전혀 알아차리지 못합니다. 그 이유는 지구가 항상 같은 정도로 운동하고 있기 때문입니다. 예를 들어 우리가 매우 조용히 달리는 기차를 타고 그 안에서 창밖을 보지 않고 눈을 감고 있으면, 기차가 운동하고 있다는 것을 잘 느끼지 못합니다. 그러나 기차가 갑자기 정지한다거나, 속도를 줄이거나 가속을 한다거나, 방향을 빨리 틀거나, 덜컹거리거나, 귓가에 바람소리가 쌩쌩 지나간다거나 하면, 차가 움직이고 있다는 것을 느낍니다.

질문 117.
지구의 자전 속도는 왜 변하지 않고 일정한가요?

지구는 가스와 먼지가 소용돌이치는 속에서 탄생했습니다. 처음 지구가 생겨났을 때는 지금보다 자전속도가 훨씬 빨라 하루가 6시간 정도였다고 과학자들은 추정합니다. 그때는 아침에 해가 뜨면 3시간 후에 서쪽으로 지고, 이후 3시간 동안 밤이다가 다시 아침이 왔지요.

달도 처음 생겨났을 때는 지구와의 거리가 지금보다 가까웠고, 지구 주위를 빨리 돌았습니다. 수억 년이 지나는 동안 지구의 자전 속도는 수만 년에 1초 정도로 조금씩 느려졌습니다. 자전 속도가 감소한 이유는 달의 인력에 의해 조석이 일어날 때, 출렁거리는 바닷물의 거대한 흔들림이 달리는 자동차의 브레이크처럼 작용했기 때문입니다. 다시 말해 지구 주위의 커다란 달 때문에 자전 속도가 느려진 것이지요. 또한 지구 표면에 발생하는 거대한 태풍도 자전 속도를 감소시키는 작은 원인이 되었습니다.

과학자들의 계산에 의하면 지금도 지구의 자전 속도는 100년에 1~3 밀리초(1밀리초는 1,000분의 1초) 정도 느려지고 있다고 합니다.

질문 118.
지구의 중심을 지나 반대편까지 터널을 뚫을 수 있나요?

만일 여러분이 자기 집 뒤뜰에서 지구의 중심을 향해 굴을 파기 시작하면, 얼마 지나지 않아 단단한 바위 층을 만나게 될 것입니다. 이 바위는 화강암으로 된 지각입니다. 바위를 뚫는 기계로 이 지각을 판다고 가정합시다. 지구 중심까지의 거리는 약 6,350킬로미터입니다. 만일 지구의 중심을 지나는 터널을 뚫는다면, 지구 반대쪽까지 달리는 터널을 만들 수 있을 것처럼 생각됩니다. 그러나 우리가 뚫고 들어갈 수 있는 지구의 깊이는 수 킬로미터에 불과합니다. 또한 지구의 중심부는 너무 뜨거워 모든 것이 녹아버립니다.

지구 중심 쪽으로 들어가면 온도만 오르는 것이 아니라, 압력이 엄청나게 높아져 모든 것이 점점 무거워지고 단단해집니다. 그러므로 굴착기로 파낼 수도 없고, 굴착기 자체도 어스러지고 맙니다.

지구 내부는 겉에서 안쪽으로 가면서 성질이 다른 층으로 구성되어 있습니다. 지구의 표면은 풍화작용에 의해 생긴 흙이 조금 덮고 있지만, 바로 그 아래는 전체가 단단한 암석층입니다. 지구 제일 바깥 암석층을 '지각'(地殼)이라 부르지요. 지각의 두께는 육지가 드러난 대륙에서는 약 32~48킬로미터이고, 해저는 5.6~8킬로미터 정도로 얇습니다 (사진 118 참조).

지각 바로 아래의 암석층은 '맨틀'이라고 하며, 그것의 두께는 약 2,900킬로미터입니다. 그리고 지구 표면으로부터 약 3,200킬로미터 이하의 중심부는 '중심핵' 또는 '코어'라고 하는데, 중심핵 부분은 뜨거운 열에 녹은 철, 니켈 등의 금속이 거의 차지하고 있습니다.

지구의 중심부는 엄청난 압력을 받고 있으며, 그곳의 온도는 섭씨 2,800~3,900도 정도로 높고, 제일 중심부는 온도가 더 높아 약 7,000도에 이른답니다. 화산이라든가 지진과 같은 현상은 지구 내부의 뜨거운 가스와 용암의 에너지가 지구 표면으로 방출되면서 나타나는 현상입니다.

질문 119.
지구 중심 쪽으로 들어가면 왜 온도가 높아지나요?

지구상 여기저기 화산이 있어 용암이 흘러내리고, 온천이 있는 것을 보면 지구 내부의 온도가 아주 높다는 것을 짐작합니다. 광산을 깊이 파 들어가면 갈수록 그곳의 온도는 점점 높아집니다. 지구상 여기저기서 지하 약 10킬로미터 깊이까지 드릴로 구멍을 뚫어 온도를 재본 결과, 1킬로미터씩 아래로 내려갈수록 그곳의 온도는 섭씨 15~76도씩 올라갔습니다. 특히 화산이나 온천이 있는 곳의 지열은 더 빨리 높아졌습니다. 그런데 너무 깊은 곳까지는 파고 들어가 온도를 잴 수 없습니다(질문 118 참조).

과학자들의 추측에 따르면 지구 중심부(지구의 핵)의 온도는 섭씨 약 3,000도가 될 것이라고 합니다. 지구 내부의 온도가 이토록 높은 이유는 정확히 알고 있지 못합니다. 하지만 처음 지구가 탄생했을 때의 뜨거운 열이 아직 식지 않고 중심 부분에 남아 있으며, 그 열은 밖으로 나오지 않고 갇혀 있는 상태입니다.

또한 고온 상태인 지구 중심부의 물질은 주로 무거운 철이며, 엄청난 압력(약 300만 기압)으로 짓눌려 있습니다. 이곳 중심부에서는 핵붕괴반응이 끊임없이 일어나 약 7,000도의 열을 내고 있기 때문에 지금과 같은 상태가 수

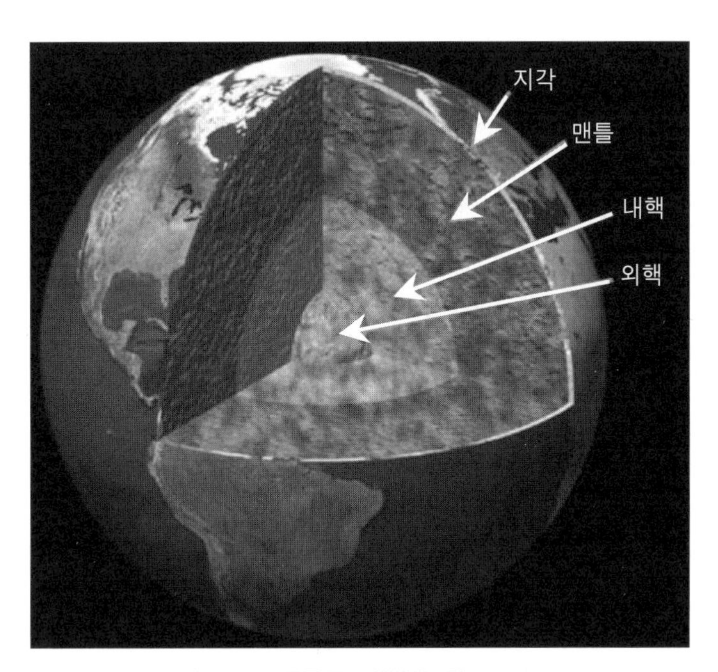

사진 118. 지구의 내부 구조를 나타냅니다.

억 년 계속될 것이라고 생각한답니다.

질문 120. 지구는 왜 비스듬히 기운 자세로 태양 주위를 돌고 있습니까?

지구의(地球儀)를 보면, 자전축이 수직방향으로부터 약 23.5도 기울어 있습니다. 이것은 지구가 그만큼 기운 상태로 태양 둘레를 공전하고 있기 때문에 그렇게 만든 것입니다. 그래서 지구가 우주공간을 진행하는 모습은 마치 강풍이 부는 바다 위를 항해하는 요트처럼 자세를 비스듬히 하여 달려갑니다.

지구가 비스듬한 자세를 가지게 된 원인에 대해 과학자들은, 지구가 막 생겨나 표면이 뜨겁게 녹아 있을 때, 어떤 천체와 크게 충돌하여 지금처럼 되었을지 모른다고 추측합니다. 그런데 지구가 기울게 된 것은 참으로 다행할 뿐만 아니라 너무나 행운이기도 합니다.

우리나라가 봄, 여름, 가을 겨울 4계절을 맞을 수 있는 것은 지구가 지금처럼 기운 덕분입니다. 만일 지구가 태양에 대해 기울지 않고 수직 축으로 돈다면, 태양은 언제나 같은 위치에서 비추게 되어 계절의 변화가 없답니다. 그러나 자전축의 북극이 태양 쪽으로 기울어 있는 동안에는, 북반구는 낮 길이가 길어지고, 햇빛이 정면으로 비쳐 여름이 됩니다. 반대로 남극이 태양 쪽으로 기울어 있는 동안에는 북반구는 낮 시간이 짧아지고, 태양빛조차 비스듬히 받게 되어 겨울이 되지요.

만일 지구의 축이 똑바르다면, 계절만 없어지는 것이 아니라 지구는 생물이 살기에 아주 불리한 행성이 됩니다. 북극과 남극에는 여름철 해빙기가 없어지므로 얼음이 계속 얼어붙어 빙하는 너무 두터워질 것이며, 바다의 물은 얼음이 된 탓으로 수면이 자꾸만 낮아지게 됩니다. 또한 지구상에서는 물의 순환이 제대로 진행되지 않아, 지구는 생물이 살기 어려운 황량한 땅이 되고 만답니다.

특히 중요한 것은 기운 각도가 23.5도라는 것입니다. 과학자들의 연구에 의하면, 지축이 이 각도보다 적게 기울어 있다면 계절의 변화가 미미하여 물의 순환이 충분히 일어나지 못해 생물에게 불리한 환경이 됩니다. 그리고 그 각도가 더 크면 반대로 계절의 변화가 너무 심해져 지금보다 훨씬 기온 차이가 심한 계절을 맞이해야 할 것이며, 태풍과 폭설과 홍수가 반복될 것이라고 합니다.

질문 121.
지구상에서 적도라고 하면 어디를 말합니까?

적도라고 하면 독자들은 지구상에서 가장 온도가 높은 더운 지대를 얼른 생각할 것입니다. 사실 적도는 태양과 거리가 가장 가까운 곳이면서 태양빛을 직각 방향에서 제일 많이 받습니다. 적도는 남극점과 북극점으로부터 같은 거리에 있으며, 지구 표면을 빙 두른 커다란 원으로, 그 길이는 약 4만 킬로미터입니다.

지도상에서 적도의 위도는 0이며, 적도 북부는 북반구(北半球)라 하고, 남부는 남반구(南半球)라고 부릅니다. 적도에서 북반구로 올라가면 위도가 점점 높아져 북극점에서는 북위 90도가 되고, 반대로 남극점에서는 남위 90도가 되지요. 우리나라는 북반구에 있으며, 서울의 위도는 북위 약 37.5도이지요.

질문 122.
지구의 둘레는 어떻게 잽니까?

고대 그리스의 과학자 에라토스테네스는 2,000년 전에 그가 살던 곳에서 지구의 크기를 계산해냈습니다. 에라토스테네스는 기원전 276년부터 196년까지 이집트의 도시인 알렉산드리아에 살았습니다. 그는 알렉산드리아의 박물관에서 일했는데, 그 박물관에는 수목원과 동물원이 있고, 천문관측도 하고 있었습니다. 그는 이 박물관의 도서관장을 했으며, 파피루스 종이로 만든 책을 10만권이나 수집하면서 철학, 역사, 과학, 연극, 비평 등 여러 학문에 관심을 가졌습니다.

어느 날 알렉산드리아에서 남쪽으로 멀리 떨어진 '시에네'라는 곳에서 온 여행객으로부터 매우 흥미로운 이야기를 들었습니다. 1년 중에 낮이 제일 긴 날(지금의 6월 21일, 당시 여름의 첫날로 삼았음) 정오가 되면, 지상에 있는 모든 물체의 그림자가 없어진다는 것이었습니다. 독자들은 태양이 바로 머리 위에 있어 수직으로 빛이 비치기 때문이라는 것을 금방 짐작했겠지요.

에라토스테네스는 여름의 첫날이 왔을 때, 알렉산드리아 박물관의 탑이 만드는 그림자 길이를 측정해보았습니다. 그는 이 탑의 높이를 알고 있었으며, 알렉산드리아에서 시에네까지의 거리가 약 800킬로미터인 것도 알았습니다. 그는 이 수치를 이용하여 간단한 삼각형을 그렸습니다. 태양과 시에네의 각도가 0도일 때, 박물관 첨탑은 태양과 약 7도 각도를 이루고 있었습니다. 원둘레는 360도이므로 7도는 전체의 약 50분의 1입니다. 그는 800킬로미터에 50을 곱하여 지구 둘레는 약 4만킬로미터라고 계산했습니다.

정밀한 각도기와 우주선에서 실시한 거리 측정 방법을 사용하여 오늘날의 과학자들은, 지구의 적도 부분 둘레는 약 40,075킬로미터라고 계산하고 있습니다.

질문 123.
지구 표면에서 가장 높은 곳과 가장 낮은 곳은 어디입니까?

이 질문에 대해 독자들은 지구상에서 가장 높은 곳은 히말라야 산맥에 있는 에베레스트 산(8,848미터)이라고 금방 대답할 것입니다. 에베레스트 산의 높이는 1954년에 인도 정부가 측정한 수치이고, 1987년에 인공위성에서 측정한 높이는 9,102미터로 나왔습니다. 그 외 몇 나라의 측량대가 높이를 측정했으나 조금씩 오차가 있었으며, 국제지리협회는 1954년의 측정치를 그대로 인정하고 있습니다.

지구상에서 바다 밑이 아니면서 가장 낮은 땅은 이스라엘과 요르단이 있는 사해 근처 지역입니다. 이 지역은 바다 수면보다 약 399미터 낮은 곳에 있습니다. 이 지역에 '사해'라는 소금 호수가 생긴 이유는, 바다보다 낮은 이 지역에 내린 빗물이 다른 곳으로 흘러나가지 못하고 그곳에 고여 수천만 년 동안 증발을 계속해온 결과입니다.

사해(死海)는 죽은 바다라는 의미입니다. 이곳의 물은 염분 농도가 너무 높아 식물이나 동물이 그 속에서 살 수 없기 때문에 붙여진 이름입니다. 그러나 사해에도 사는 박테리아가 있습니다. 사해에 들어가면 사람은 둥둥 뜨기 때문에 수영을 할 줄 몰라도 가라앉지 않습니다. 사해의 염분 농도는 수심에 따라 다른데, 깊은 곳으로 갈수록 진합니다.

실제로 지구 표면에서 가장 낮은 곳은 태평양 서쪽 해저에 길게 뻗어 있는 마리아나 해구로서, 이곳에서 가장 깊은 수심은 에베레스트 산이 잠

길 수 있는 약 1만 1,034미터인 것으로 알려져 있습니다. 대서양의 푸에르토리코 해구에는 수심 8,648미터인 곳이 있고, 인도양의 자바 해구에는 7,725미터, 북극해에는 수심 5,450미터인 곳이 있답니다.

사진 123. 지구상에서 가장 높은 에베레스트 산은 높이가 9,000미터에 가깝습니다.

질문 124.
지구에는 어떤 물질이 가장 많이 있습니까?

지구는 어디를 가더라도 흙, 모래, 바위로 덮여 있습니다. 그러므로 지구상에는 이들의 주성분인 규소가 제일 많을 것처럼 생각됩니다. 그러나 규소보다 더 많은 원소가 있으니, 그것은 산소입니다. 공기 중에는 산소의 양이 전체의 5분의 1에 불과하지만, 산소는 온갖 다른 물질과 화합한 상태로 존재합니다. 예를 들어 바다를 이루는 물은 수소와 산소의 화합물이지요.

그래서 지구를 구성하는 물질 전체의 양을 100이라고 하면 산소가 47%, 규소 28%, 알루미늄 8%, 철 4.5%이며, 그 외에 칼슘(3.2%), 마그네슘

(2.5%), 나트륨(2.5%), 칼륨(2.5%), 티타늄(0.4%), 수소(0.2%), 탄소(0.2%), 인(0.1%), 유황(0.1%) 등이 차지합니다. 이들 외에 많은 것에 니켈, 구리, 납, 아연, 주석, 은 등이 있는데, 이들은 모두 합해도 0.02%에 불과합니다. 바닷물의 성분은 이런 물질 가운데 물에 잘 녹는 것들이 차지하고 있지요.

질문 125.
지구를 둘러싼 대기의 성분은 무엇입니까?

지구가 처음 생겨났을 때의 공기는 암모니아와 메탄이 대부분이었습니다. 그러나 긴 시간이 지나면서 대기의 성분은 점차 변하여, 오늘날과 같은 상태를 이루게 되었습니다. 지금은 전체 공기의 약 5분의 4인 78%가 질소이고, 숨쉬는데 없어서는 안 되는 산소는 21%에 불과합니다. 그리고 탄산가스라든가 수소, 네온, 헬륨, 크립톤, 크세논, 메탄, 오존 같은 기체를 모두 합쳐야 겨우 1%가 됩니다.

지구를 둘러싼 대기층은 고공으로 갈수록 공기가 희박해지고, 온도는 내려갑니다. 구름이 생기고 기상 변화가 일어나는 대기층의 두께는 지표면에서 11~16킬로미터 높이의 층입니다. 이 층을 보통 '대류권'이라 합니다. 대류권 위는 성층권이라 하며, 이곳에는 공기가 희박하지만 오존의 양이 많아 태양에서 오는 자외선을 차단해주는 작용을 합니다. 성층권보다 더 높은 중간권(지상에서 48~85킬로미터 높이)은 기온이 영하 90도 정도로 낮습니다.

그러나 그보다 위층인 열권(지상 85~700킬로미터 높이)은 온도가 섭씨 1,500~2,000도로 높습니다. 그 이유는 태양의 에너지를 많이 받기 때문입니다. 그러나 그곳의 온도를 온도계로 재면 영하입니다. 이유는 그곳의 공기 분자가 너무 희박한 때문인데, 태양에너지를 받은 공기 분자의 열은 높지만 온도계의 눈금을 올려놓지는 못합니다. 열권 바깥에는 외기권이라 부르는 층이 지상 약 700킬로미터까지 뻗어 있으며, 그 바깥은 거의 진공입니다.

사진 125. 지구를 둘러싼 하늘의 공기는 질소가 78퍼센트, 산소는 21퍼센트입니다.

질문 126.
이온층이란 어떤 대기층을 말합니까?

지상 50~400킬로미터 높이의 대기층을 특별히 '이온층'이라 부르기도 하는데, 그 이유는 이곳의 공기 분자들이 강한 자외선의 작용으로 이온화되어 있기 때문입니다. 분자가 전자를 잃거나 더 많이 가진 상태로 되는 것을 이온화라 합니다. 공기의 이온층은 전기적인 성질이 강해져 전파를 반사하는 작용을 합니다. 이온층이 없다면 전파통신이나 방송이 어렵게 됩니다. 이온층이 전파를 반사해주기 때문에 심지어 지구 반대쪽까지도 전파를 보낼 수 있지요. 만일 이온층이 없으면 공중으로 향한 전파는 반사될 곳이 없어 모두 지구 바깥으로 나가버리게 됩니다.

질문 127.
오로라(극광)는 무엇이며, 왜 생기나요?

밤하늘의 허공 속에 다채로운 불빛이 거대한 커튼처럼 펼쳐 보이는 것을 오로라라고 합니다. 오로라를 우리말로 '극광'이라고 하는 것은, 이 신비스런 빛을 볼 수 있는 곳이 극지방이기 때문입니다. 오로라의 색은 일반적으로 청록색에 분홍빛과 붉은색이 조금 섞여 있으며 가로 160킬로미터, 높이 1600킬로미터의 규모로 보이기도 합니다.

극광은 지구에서 나는 빛이지만, 그것이 생기는 원인은 태양에 있습니다. 태양은 불타는 거대한 가스 덩어리입니다. 태양을 이루는 가스는 수소와 헬륨입니다. 이들 원자의 중심에는 양성자가 있고, 그 주변에는 전자가 돌고 있습니다. 양성자는 양전기를 가졌고, 전자는 음전기를 가졌습니다.

태양의 주변에서는 온도가 100만도나 되는 '코로나'라고 부르는 뜨거운 가스가 끊임없이 퍼져 나오는데, 이때 코로나에서 양성자와 전자가 우주공간으로 튀어나가고 있습니다. 이런 입자를 과학자들은 태양풍이라 합니다. 태양풍의 속도는 초속 약 1,000킬로미터에 이릅니다. 혜성의 꼬리를 뒤로 날리는 힘도 태양풍입니다.

사진 127. 오로라는 북극지방에서 볼 수 있는 신비스런 밤의 광경입니다.

태양풍에 포함된 입자가 지구 근처로 오면, 자성이 강하게 나타나는 남극과 북극 근처로 특히 많이 끌리게 됩니다. 지구 둘레의 공기는 질소와 산소가 대부분을 차지하는데, 산소와 질소 원자가 태양풍의 입자와 충돌하면 에너지를 얻어 극광의 빛을 내게 됩니다.

극광은 주로 북극 근처 나라에서 볼 수 있으며, 1년에 20~200회 나타납니다. 가끔은 북극 가까운 항로를 밤에 비행하다가 볼 수도 있습니다. 이런 오로라는 지구만 아니고, 목성의 북극에서도 거대한 규모로 생겨나는 것이 관측되었습니다.

질문 128.
지구는 왜 거대한 자석처럼 자력을 가지게 되었습니까?

쇠못 주변에 전선을 감고 전류를 흘려주면, 쇠못은 자력을 가지게 됩니다. 이것이 전자석입니다. 반대로 막대자석 주변을 전선으로 감고, 전선 속에서 막대자석을 움직이면 전선에 전류가 생겨납니다. 이런 성질을 이용한 것이 발전기입니다. 이처럼 전류는 자력을, 반대로 자력은 전류를 만들 수 있습니다.

자석을 만드는 금속은 쇠(철)입니다. 지구의 중심부는 자성을 가진 무거운 철로 가득합니다. 이런 지구가 자전을 하면 전류가 생기고, 그로 인해 지구 주변에 자력이 나타나게 됩니다. 나침반의 바늘이 남북극을 향하는 것은 지구가 거대한 자석이기 때문이라고 과학자들은 믿고 있습니다.

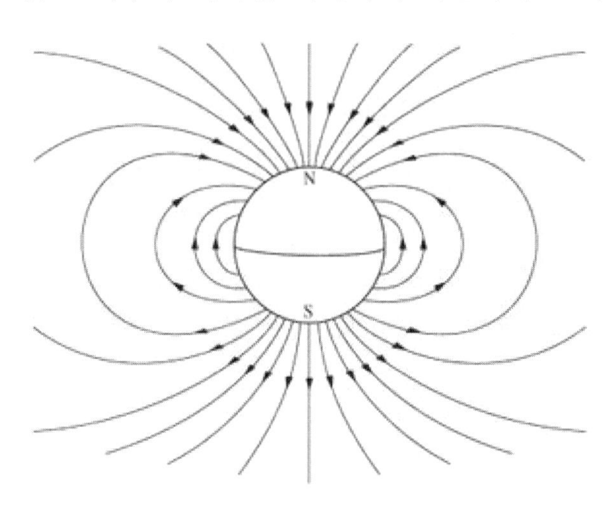

사진 128. 지구는 거대한 자석입니다. 지구의 자기장을 나타냅니다.

질문 129.
지구상에서 대륙과 국가는 어떻게 다릅니까?

지구의나 세계지도를 펼치고 보면, 지구상의 땅덩어리가 몇 개의 큰 대륙으로 나뉘어 바다로 둘러싸여 있는 것을 알 수 있습니다. 그중 가장 큰 대륙은 아시아와 유럽이 있는 유라시아 대륙이고, 그 외에 아프리카 대륙, 북아메리카 대륙, 남아메리카 대륙, 오스트레일리아 대륙, 그리고 남극 대륙 이렇게 6개의 대륙이 있습니다. 이 중에서 오스트레일리아 대륙의 크기가 가장 작습니다.

세계의 여러 나라는 국경을 지어 이 대륙의 일부를 차지하고 있습니다. 오스트레일리아 대륙과 남극 대륙은 예외이네요. 지구상에는 약 200개의 독립국가가 있습니다만, 나라의 수는 때때로 변하고 있습니다. 세계의 국가 가운데 가장 넓은 면적을 가진 나라는 러시아이며, 러시아는 유럽과 아시아 대륙에 걸쳐 있습니다. 그 다음으로 넓은 나라는 캐나다입니다.

반면에 가장 작은 나라는 '바티칸 시티'입니다. 바티칸 시티는 이탈리아의 수도 로마 속에서 일부의 땅을 차지한 아주 작은 국가입니다. 이곳에는 겨우 900명의 인구가 시민으로 살고 있으며, 가톨릭 교황이 통치합니다. 그러므로 바티칸 시티는 가장 작으면서 인구도 제일 적은 나라입니다. 바티칸 시티 다음으로 작은 나라는 모나코이지요.

질문 130.
지구상의 대륙이 움직이고 있다는데 왜 그렇습니까?

지구의 6대륙이 아주 조금씩 움직이고 있다는 것을 처음 발견한 과학자는 독일의 지질학자 알프레드 로타르 베게너(1880~1930)였습니다. 그는 1912년에 "지구의 대륙은 처음에는 남극대륙 근처에 1개로 붙어있는 것이었으나, 이것이 점점 나뉘고 이동하여 지금과 같이 되었다"는 이론을 발표했습니다. 그는 최초에 있던 1개의 대륙을 팡게아('모든 땅'이라는 뜻을 가진 그리스어)라고 불렀습니다.

그의 이론에 따르면 팡게아는 약 2억 년 전부터 2개의 대륙으로 갈라지고, 차츰 지금처럼 나뉘게 되었는데, 대륙이 이동하는 정도는 1년에 약 19밀리미터라고 추정합니다. 지구의 대륙이 이처럼 움직이는 이유는, 지구 내부가 완전한 고체가 아니고 녹아 있는 상태이기 때문입니다. 지질학자들은 현재 지구는 8개의 큰 덩어리와 7개의 작은 덩어리로 쪼개져(모두 15개) 이동하면서 서로 멀어지거나 부딪히고 있다고 생각합니다.

사진 130. 화산과 지진은 지구의 조각난 지각이 서로 밀거나 멀어지거나 하는 곳에서 자주 일어납니다.

질문 131.
지구상에서 화산활동이 심하고 지진이 잦은 곳은 어디입니까?

지구의 지각이 마치 깨진 계란껍질처럼 여러 개로 쪼개져 이동하고 있다는 이론(질문 130 참조)을 '대륙이동설'이라 합니다. 지구상에서 지진과 화산 활동이 심하게 일어나는 곳은 주로 깨어진 땅 조각(플레이트라 부름)이 서로 멀어지거나 부딪히는 경계선이랍니다. 에베레스트 산이 솟은 히말라야 산맥은 두 땅덩어리가 서로 부딪히면서 떠밀려 솟아오르는 곳이고, 태평양 해저의 마리아나 해구는 땅덩이가 서로 떨어지기 때문에 생긴 깊은 골짜기입니다.

태평양을 가운데 두고 빙 둘러 화산활동과 지진이 심한 지대가 형성되어 있습니다. 이곳을 지질학자들은 '환태평양 화산지대'라고 말합니다. 이 지대는 알래스카로부터 미국 서해안, 중앙아메리카와 멕시코, 남아메리카의 안데스 산맥과 칠레, 뉴질랜드로 이어지고, 시베리아의 알류산열도, 캄차카 반도, 일본, 필리핀, 셀레베스, 뉴기니, 솔로몬군도에 이르기까지 연결됩니다. 전 세계의 850여개 활화산 가운데 75%가 이곳에 있답니다.

질문 132.
온 세계의 강물이 모두 바다로 흘러드는데, 바다는 왜 넘치지 않나요?

비행기를 타고가면서 육지를 내려다보면, 수없이 많은 강이 바다를 향해 구불구불 흐르는 것이 잘 보입니다. 우리나라에서 가장 긴 강은 낙동강(길이 약 500킬로미터)이지요. 세계적으로 가장 긴 5대강은 1위 나일 강

(6,670킬로미터), 2위 아마존 강(6,400킬로미터), 3위 양쯔 강(6,400킬로미터), 4위 미시시피 강(6,000킬로미터), 5위 예니세이—안가라 강(5,540킬로미터)으로 알려져 있습니다. 이들 중에 물의 양이 가장 많은 강은 연중 비가 많이 내리는 남아메리카의 열대 우림지대를 흐르는 아마존 강입니다. 아마존 강은 전 세계 강물의 5분의 1을 차지합니다.

강물은 육지에 내린 빗물과 높은 산의 눈이 녹아 흘러내리는 것입니다. 전 세계의 강물이 모두 바다로 끊임없이 흘러들지만 해변의 수위가 높아지는 일은 없습니다. 그 이유는 바다의 물이 증발하여 구름이 되고, 그것이 다시 비와 눈이 되는 '물의 순환'이 계속되기 때문입니다.

그러나 수만 년 후 빙하기가 다시 닥쳐 지구의 기온이 내려간다면, 육지에 내린 비나 눈이 녹지 않고 쌓이기만 하여 해수면은 쑥 내려가게 될 것입니다. 현재의 바다 수위는 빙하기이던 약 1만 8,000년 전보다 100미터 정도 높아져 있습니다. 그러나 근년에 와서는 지구온난화로 극지의 얼음이 녹기 때문에 해수면이 조금씩 높아지고 있습니다. 만일 지구온난화가 계속된다면 세계의 많은 해변 육지와 도시가 바닷물에 잠기게 됩니다. 이 때문에 세계적으로 이를 방지하기 위한 대책을 강구하고 있습니다.

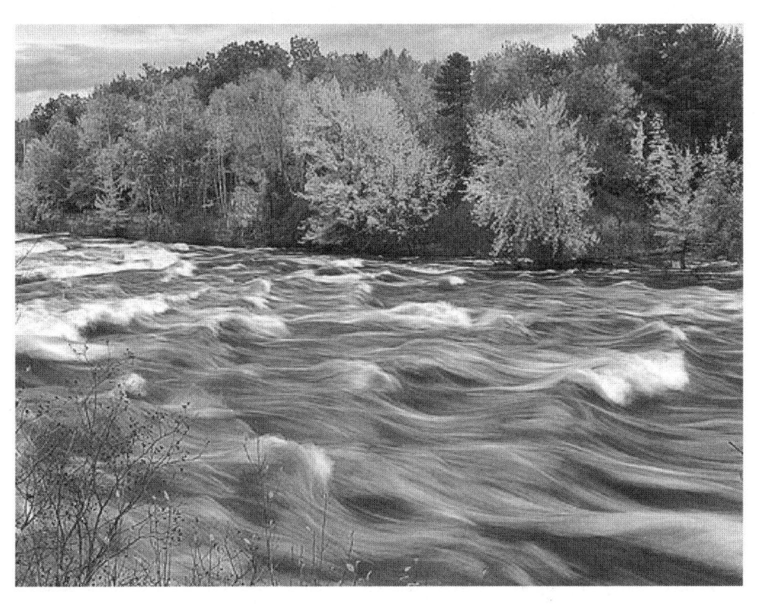

사진 132. 비가 많이 내리자 강물은 큰 여울을 이루며 흘러갑니다.

지구온난화가 일어나는 이유는 공장이나 발전소, 자동차 등에서 배출되는 이산화탄소의 양이 너무 많기 때문입니다. 이산화탄소는 열을 잘 보존하는 성질이 있어, 지구 전체의 기온을 조금씩 높인답니다.

질문 133.
지구상에서 바다가 차지한 비율은 어느 정도입니까?

지구 표면적의 약 70%는 바다가 차지하고 있습니다. 또한 지구상에 있는 물의 97%는 바다에 있고 나머지 3%가 호수와 강, 극지의 빙하, 지하, 구름 등에 있답니다. 그러므로 만일 지구 표면 전체를 편편하게 만든다면, 육지는 전부 바다 밑으로 들어가고, 그 수심은 약 2,700미터가 될 것입니다.

사진 133. 바다는 지구 전체 표면적의 70퍼센트를 차지합니다.

세계의 해저는 바닥이 고르지 않고 산과 산맥이 있는가 하면 깊은 골짜기도 있습니다. 특히 깊은 골짜기를 해구(海溝)라고 하지요. 세계에서 가장 깊은 마리아나 해구는 수심이 10.911미터 입니다. 세계의 바다는 지역에 따라 수심이 다른데, 평균 수심은 약 3,800미터랍니다.

깊은 바다 밑은 수압이 대단히 높기도 하고, 빛이 없는 어둠뿐인 세계입니다. 해저 깊이 내려가려면 특수한 심해잠수정이 있어야 합니다. 해저의 지형을 조사할 때 과학자들은 음파탐지기를 사용합니다. 바다 밑으로 음파를 쏘면, 음파는 1초에 약 1,500미터 속도(공기 중에서는 약 344미터)로 퍼져나가 바닥에 도달하면 반향을 보냅니다. 반향이 돌아오는 시간이 길수록 그곳의 수심은 깊습니다. 과학자들은 이처럼 반향을 조사하여 해저의 모양과 깊이 등을 판단합니다.

질문 134.
바닷물에는 어떤 성분이 많이 포함되어 있습니까?

바닷물을 조금 떠서 냄비에 담고 증발시키면 소금이 남습니다. 이 소금 속에는 소금 외에 다른 여러 가지 물질이 녹아 있습니다. 이를 '염분'이라 합니다. 해수에 포함된 염분의 양은 바다의 위치라든가 주변에 어떤 강이 흘러들고 있는지 등에 따라 다소 차이가 있지만, 평균 3.5퍼센트가 포함되어 있습니다.

바닷물의 주성분인 소금은 염소와 나트륨의 화합물입니다. 바닷물의 염분 가운데 특히 많은 원소는 염소(1.9%), 나트륨(1.06%), 유황(0.26%), 마그네슘(0.13%)이며, 그 외에 칼슘, 칼륨, 중탄산나트륨, 브롬, 스트론튬, 보론, 불소, 심지어 우라늄까지 소량이나마 용해되어 있습니다.

세계의 바닷물은 전부 짠물일 것 같은데 약 2.5퍼센트는 민물이랍니다. 소금기가 없는 바닷물은 바다에 떠다니는 빙산과 같은 얼음이랍니다. 얼음 속에는 소금기가 녹아 들어가지 못한답니다.

질문 135.
바다에서는 왜 파도가 발생합니까?

바다라고 하면 우리는 먼저 일렁이는 파도를 연상합니다. 거대한 파도가 흰 거품을 일으키며 해변을 밀고 올라오거나 부딪히는 것을 보면 엄청난 힘을 가지고 있다는 것을 알 수 있습니다.

바다의 표면에 파도를 일으키는 주인공은 거의 언제나 바람입니다. 해저의 화산 폭발이나 지진에 의해 큰 파도(해일)가 발생하는 경우가 있지만 매우 드문 일입니다. 또한 달의 인력에 의한 조석도 약간의 파도를 일으킵니다.

수면 위로 바람이 일정한 방향으로 불면, 표면의 물은 바람에 밀려 조금씩 파도를 일으킵니다. 바람이 강하거나 바람이 불어가는 거리가 길면 파도는 더 높아집니다. 그러므로 넓은 바다 위로 강풍이 계속 불면 거대한 파도가 생겨나지요.

바다의 파도는 바람따라 빨리 이동하지 못하기 때문에 높이 솟았다가 다시 내려가는 파도로 변한 것입니다. 파도를 바라보면 전체가 바람과 같은 방향으로 밀려가는 것처럼 보입니다. 그러나 실제로는 앞으로 밀려가지 않고 그 자리에서 높이 올라갔다가 다시 내려오는 운동을 반복하고 있습니다. 파도가 일렁이는 수면에 앉아있는 갈매기를 보면, 파도는 밀려가는 것처럼 보여도 갈매기는 제자리에서 오르락내리락할 뿐입니다. 그러나 수심이 얕은 해안에서만 파도는 머리에 흰 물보라를 일으키며 해변으로 올라갑니다.

사진 135. 바람이 강하거나, 넓은 대양처럼 바람이 불어가는 거리가 멀면 파도는 더욱 커집니다.

질문 136.
빙하는 왜 생기며, 얼마나 넓은 부분이 어느 정도 두텁게 빙하로 덮여 있나요?

지구 온난화 현상으로 남북극의 얼음과 빙하가 녹아내리고 있다고 수시로 신문방송에 보도되고 있습니다. 지구 표면의 땅은 약 20%가 늘 얼어

사진 136-1. 수천 년을 두고 쌓인 눈은 두꺼운 얼음의 층이 되어 비탈이나 골짜기를 따라 천천히 흘러내립니다. 이것을 얼음의 강이라 하여 빙하(氷河)라 부릅니다.

있는 영구동토입니다. 그리고 지구 전체 표면적의 약 10.4%(1,560만 제곱킬로미터)는 얼음판과 빙하, 만년설 등으로 덮여 있습니다. 빙하는 고산이나 남북극의 비탈진 지형에 수천 년 동안 수백 또는 수천미터 높이로 두텁게 쌓인 눈이 무게를 못 이겨 낮은 곳으로 아주 느리게 미끄러져 내리고 있는 것을 말합니다. 이런 빙하는 경사가 심한 곳은 다소 빨리 이동하지만, 대개 1년에 300미터 정도 흘러내리고 있습니다.

사진 136-2. 빙하가 바다에 도달하면 깨어져 해류에 밀려다니는 빙산이 됩니다. 남극이나 북극 바다에는 이런 빙산이 많이 떠 있어 근처를 항해하는 선박은 늘 경계를 해야 합니다. 빙산의 위험이 있는 바다에서는 어느 곳에 어떤 규모의 빙산이 있는지 빙산예보를 하고 있습니다.

고지의 빙하가 기온이 높은 아래로 내려오면 점점 녹게 됩니다. 빙하가 다 녹지 않은 상태로 바다까지 도달하면 바닷물 속으로 잠기게 되지요. 바다에 도달한 빙하는 깨어져 절벽이 됩니다. 이런 얼음 절벽은 때때로 깨어져 바닷물에 잠기게 되고, 그것은 해류나 바람에 밀려 이동하게 됩니다.

남극이나 북극에 가까운 바다는 크고 작은 얼음으로 덮여 있습니다. 그 중에 특히 큰 얼음덩이가 해류를 따라 흘러 다니는 것을 빙산이라 하지요. 남극대륙은 매우 두껍게 얼음이 덮여 있습니다. 남극대륙의 평균 얼음 두께는 약 2,200미터인데, 가장 두꺼운 곳은 두께가 약 4,800미터에 이릅니다.

질문 137.
빙하시대란 언제 있었던 어떤 때인가요?

현재 지구 표면의 약 10%는 얼음으로 덮여 있습니다. 얼음이 덮인 곳은 주로 남극과 북극 가까운 지역이지만 4,000미터가 넘는 고산지대도 늘 눈과 얼음이 쌓입니다. 지구는 긴 역사 속에서 불규칙하게 더 넓은 지역이 얼음으로 덮인 매우 추운 시대(빙하시대)를 몇 차례 지내왔습니다. 지구가 빙하시대를 맞으면 식물이 자라고 동물이 편하게 살 수 있는 지역이 줄어듭니다.

과거에 왜 빙하시대가 있었는지 그 이유는 과학자들이 확실히 알지 못합니다. 아마도 태양의 둘레를 도는 지구의 궤도가 조금 변하지 않았을까 하고 생각합니다. 지금으로부터 가장 가까웠던 빙하시대는 약 200만 년 전에 시작되어 1만 1,000년 전까지 계속되었습니다. 지질학자들은 이 시기를 '대빙하시대'라고 말하지요. 이 때는 지구 표면의 약 27%가 얼음으로 덮여 있었습니다. 당시 유럽대륙은 스칸디나비아와 독일, 폴란드 그리고 알프스 산맥이 있는 곳까지 얼음의 대륙이었습니다. 빙하시대를 거친

곳에는 빙하의 흔적이 남아 있기 때문에 쉽게 알 수 있습니다.

빙하시대를 맞아 넓은 대륙에 많은 얼음이 높게 쌓이면, 바다의 물은 증발하여 눈과 얼음이 되었기 때문에 해수면이 쑥 내려갑니다. 과학자들의 추정에 따르면, 지난 대빙하시대에는 바다의 수면이 지금보다 약 140미터 낮았을 것이라고 합니다. 그럴 때의 세계지도는 지금과 아주 다르겠지요.

다행스럽게도 지금은 빙하기와 빙하기 사이의 따뜻한 시대입니다. 이런 기간을 '간빙기'라 하지요. 과학자들은 다음 빙하기는 지금으로부터 약 2만년 후에 올 것이라고 추정합니다.

질문 138.
암석에는 얼마나 많은 종류가 있나요?

산이나 냇가를 다녀보면 암석의 종류가 매우 많다고 생각합니다. 그런데 암석표본이 가득 전시된 과학관에 들어가면, 암석의 종류가 너무나 많은 것에 놀라고 맙니다. 암석의 종류는 너무 다양하지만, 크게 3가지 즉 화성암(火成巖), 퇴적암(堆積巖), 변성암(變成巖)으로 구분할 수 있습니다.

화성암 — 화강암, 유문암, 반려암, 흑요석 등이 화강암입니다. 이러한 암석은 지구 내부의 마그마와, 화산 분화구에서 흘러나온 용암이 식어 굳어진 것들입니다. 화성암들은 그것에 포함된 성분이라든가, 그것이 굳을 때의 환경에 따라 수천 가지 모양으로 만들어집니다.

화성암 중에 건물의 벽이나 축대, 교각 또는 비석 등에 많이 사용하는 화강암(쑥돌)은 지구 내부에 녹아 있던 암석물질이 매우 천천히 식어 생긴 것입니다. 화강암에는 수정, 장석, 운모(돌비늘) 등의 커다란 결정이 포함되어 있어, 그 모양을 잘 볼 수 있습니다. 서울의 백운대나 도봉산, 그리고 전국에서 볼 수 있는 거대한 바위산은 거의 화강암이랍니다.

퇴적암 — 홍수가 나면 흙과 모래도 함께 떠내려가 깊은 바다 밑바닥 어딘가에서 쌓이게(퇴적하게) 됩니다. 바람에 멀리 날려간 모래와 흙도 높이 쌓일 수 있습니다. 흙, 모래, 조개껍데기 따위가 장기간 쌓여 굳어진 것을 퇴적암이라고 합니다. 역암, 사암, 석회암은 모두 퇴적암이며, 죽은 식물이 쌓여 생겨난 석탄도 퇴적암의 일종입니다. 퇴적암의 특징은 흙이나 모래, 조개 따위가 퇴적한 층을 이루고 있으며, 다른 암석에 비해 단단하지 못합니다.

변성암 — 지각변동이 크게 일어날 때, 화성암이라든가 퇴적암이 깊은 곳으로 들어가면 높은 압력과 열을 받아 변성암이 됩니다. 점판암, 편암, 편마암 등이 변성암인데, 건축에 사용하는 대리석은 퇴적암인 석회석이 열을 받아 단단하게 변한 대표적인 변성암입니다.

암석을 연구하는 분야를 암석학이라고 합니다. 암석학자들은 암석의 성분이라든가 만들어진 시대, 지구의 내부 상태 등을 조사합니다. 그들은 암석을 연구하는 동안 지구의 과거 역사에 대해서 많은 사실을 알아냅니다.

사진 138. 바닷가의 자갈밭은 온갖 암석과 광물이 발견되는 곳입니다.

질문 139.
암석과 광물은 어떻게 다릅니까?

지구상의 암석에는 철, 은, 구리, 알루미늄, 금 등 여러 종류의 귀중한 금속 성분이 포함된 것도 있습니다. 이런 암석 중에 중요한 금속 성분이 특별히 많이 포함된 것을 광석이라고 합니다. 예를 들어 철 성분을 다량 함유한 암석은 철광석이고, 금을 많이 가진 것은 금광석, 원자력 연료로 쓰는 우라늄을 가진 것은 우라늄광, 납을 대량 포함한 것은 방연광입니다.

그러나 필요한 금속 성분이 전혀 없거나, 함유된 양이 적으면 암석으로 취급합니다. 다시 말해, 어떤 암석에 철분이 다소 포함되어 있더라도, 거기에서 철분을 뽑아낼 가치가 없을 정도로 함유량이 적다면 광석으로 인정하지 않습니다. 그러나 무가치하다고 생각해온 암석이라도 금속 성분을 가려내는 재련기술이 발달함에 따라 광석으로 인정받게 되기도 합니다.

질문 140.
광물 중에는 어떤 금속을 포함한 것이 가장 많습니까?

알루미늄은 지구만 아니라 달의 표면 암석 중에 가장 많이 포함되어 있는 광물질이랍니다. 알루미늄은 가벼우면서 단단하고 녹슬지 않으며, 매장량도 많아 철과 함께 용도가 아주 많은 금속입니다. 알루미늄은 대부분의 화강암에 들어 있으며, 특히 많이 포함된 광석은 '보크사이트'라고 불립니다.

알루미늄은 산소, 철, 규소, 티타늄 등의 물질과 화학적으로 결합한 상태로 암석 속에 있습니다. 과거에는 알루미늄을 암석 속에서 쉽게 뽑아내는 방법을 몰라 잘 사용하지 못했습니다. 프랑스의 나폴레옹은 암석 속에 알루미늄이 많이 포함되어 있다는 말을 듣고, 화학자 생트—클레르 드빌에게 재련법을 연구하도록 했습니다. 드빌은 1854년에 보크사이트에서 알루미늄을 순수하게 뽑아내는(정련) 방법을 처음으로 찾아냈습니다. 그 후 1886년에는 미국의 찰스 마틴 홀과 프랑스의 폴 에루가 전기분해법을 사용하여 알루미늄을 더 간단하게 뽑아내는 방법을 각각 찾아냈습니다.

알루미늄은 건축자재에서부터 통조림 통, 냄비, 비행기와 우주선의 동체 재료에 이르기까지 너무나 용도가 많습니다. 알루미늄은 열을 잘 전달하는 성질도 있어, 요리 기구를 만드는 재료로 적당합니다.

질문 141.
화석은 어떻게 만들어집니까?

화석이란 과거에 살았던 동식물의 자취를 말합니다. 화석은 흙과 모래가 떠내려가 쌓인 퇴적암 속에서 잘 발견됩니다. 화석이라고 하면, 동물의 뼈나 이빨 등만 아니라, 우리나라 남해안 바위에서 발견되는 공룡이나 새의 발자국도 포함됩니다. 식물의 경우에는 줄기나 잎, 열매를 비롯하여, 꽃가루도 화석입니다. 석탄은 고대의 식물 화석을 캐내어 연료로 사용하고 있는 것입니다.

식물의 수액(송진 따위)이 굳어 생긴 호박도 화석인데, 호박 속에서는 당시에 살던 곤충이 옛 모습 그대로 변하지 않고 발견되기도 합니다. 청소년들이 좋아한 유명한 영화 <주라기 공원>은, 호박 속에서 발견된 모기의 뱃속에 남아있던 공룡들의 혈액에서 유전자를 발견하여, 그것을 복

제함으로써 옛 시대의 공룡들을 재생했다는 공상과학 영화입니다. 공룡은 약 2억 3,000만년 전부터 6,500만 년 전까지 지구상에 번성했던 파충류에 속하는 동물들입니다.

사진 141. 소라를 닮은 암모나이트는 중생대(2억 4,500만 년 전부터 6,500만 년 전까지 기간)에 살았던 연체동물입니다.

지금까지 발견된 화석 중에서 가장 오래 전에 살았던 것은, 아프리카 남쪽 트란스발이라는 곳의 사암(砂巖, 퇴적암의 일종)에서 발견된 32억 년 전의 단세포 하등식물(청록조)입니다. 화석과 그 화석이 발견된 암석의 나이를 조사하면, 동식물이 진화되어온 역사를 연구할 수 있습니다.

화석이 많이 발견되기 시작하는 시대는, 약 5억 년 전인 캄브리아기 이후입니다. 왜냐 하면, 이 시기에 땅에 묻혀도 잘 변하지 않는 단단한 뼈를 가진 동물이 나타났기 때문입니다.

질문 142.
6,500만 년 전에 살았던 공룡의 뼈가 어떻게 지금까지 남아있을 수 있나요?

동물이나 식물의 화석을 조사하여 과거를 연구하는 과학자를 고생물학자라고 합니다. 고생물학자는 어딘가에서 화석이 발견되면 매우 기뻐하며

달려갑니다. 왜냐하면 화석은 좀처럼 찾기 어렵기도 하려니와, 화석을 분석함으로써 고대에 어떤 생물이 어디에 어떤 모습으로 살았는지 여러 가지 사실을 추측할 수 있기 때문입니다.

동물이든 식물이든 죽으면, 그 순간부터 시체에 박테리아가 번식하여 모든 것을 부패시키고 맙니다. 이때 부드러운 부분은 빨리 썩고, 뼈나 이빨, 조개껍데기 등 단단한 부분은 완전히 없어지기까지 긴 시간이 걸립니다.

강가에 살던 공룡 한 마리가 죽었다고 생각합시다. 마침 홍수가 발생하여 공룡의 시체는 강물에 떠내려가 호수 깊은 곳에 가라앉았습니다. 수만 년 동안 그 위에 흙이나 모래 또는 화산에서 뿜어 나온 재가 높이 쌓이면 뼈는 퇴적암으로 될 수 있습니다. 대부분의 화석이 퇴적암에서 발견되

사진 142. 뉴욕 자연사박물관의 공룡 화석 전시장

는 것은 이 같은 이유 때문입니다.

또한 갑자기 화산이 터진다면, 화산재는 살아있는 공룡을 그대로 뒤덮어 화산암이 될 수 있습니다. 이럴 때 몸의 다른 부분은 부패하거나 분해되어 없어지지만, 뼈와 이빨은 퇴적암의 일부가 되어 변하지 않고 남을 수 있습니다.

제 6 장 기상과 자연재해

질문 143.
1816년에는 전 세계에 여름이 없었다는데, 어찌된 일입니까?

기후가 조금만 이상하면 사람들은 '이상기후'라는 말을 하기 좋아합니다. 기상학자들은 지난 10,000년 동안에 가장 기후가 이상했던 해는 약 200년 전인 1816년(이조 순조왕 16년)이라고 말합니다. 왜냐하면 그해 지구상의 북반구는 여름이 오지 않고 추운 겨울만 계속되었으니까요. 당시에는 지금처럼 통신이나 과학기술이 발달하지 않았으므로, 추운 여름이 찾아온 원인도 알지 못하고 엄청난 기상재난만 당했습니다.

1812년부터 1817년 사이에 세계 몇 곳에서 화산이 터졌습니다. 그 중에서도 1815년에 인도네시아 자바에 있는 '탐조라' 화산이 거대한 폭발을 일으켰답니다. 특히 이 화산에서 뿜어 나온 화산재의 양은 어찌나 많은지 약 1억 5,000만 톤으로 추정됩니다. 엄청난 양의 화산재는 10킬로미터 상공까지 높이 올라가 바람을 타고 전 세계 하늘에 퍼졌습니다. 이 화산재는 금방 내려오지 않고 계속 태양을 캄캄하게 가렸습니다. 그 결과 여름이 왔는데도 기온이 섭씨 2~3도 정도로 낮았으며, 공기도 건조했습니다. 미국 대륙의 어떤 곳에서는 6월과 7월에 눈이 내리기도 했습니다.

이 해에는 농작물이 자라지 않아 세계적으로 흉년이 들었습니다. 가축이 먹을 양식도 없었습니다. 산과 들의 나무는 잎이 자라지 않아 가지만 앙상했습니다. 이런 피해는 북반구가 더욱 심했습니다. 1817년이 되어서야 화산 먼지가 가라앉아 기온이 정상을 되찾았습니다. 이 시기에 영국, 프랑스, 스위스 등지에서는 20만 명이 아사했다고 하며, 곳곳에 콜레라와 같은 전염병도 퍼졌습니다. 유럽에서는 흉년이 너무 심각하여 수많은 사람이 미국대륙으로 이민을 가기도 했습니다.

이 해에는 우리나라도 여름에 춥고 비가 유난히 많았으며, 중국과 일본에서도 흉년이 심했다고 합니다. 이런 일을 미루어 볼 때, 지구상에 번성하던 공룡이 사라진 원인이 거대한 운석이 지구와 충돌했기 때문이라는 학설이 지지를 받게 합니다. 운석의 충돌로 생긴 거대한 규모의 산림화재 연기와, 충격 때 지상에서 피어오른 먼지가 몇 해 동안 세계의 하늘을 가렸으므로, 광합성을 해야 사는 대부분의 식물이 죽었기 때문이라는 것입니다.

질문 144.
세계의 대륙에는 왜 커다란 사막이 여럿 생겨났습니까?

사막은 일년 내내 비가 거의 내리지 않아 식물이 살기 어려운 황량한 땅을 말합니다. 적도 근처의 바다는 태양이 강하게 비치기 때문에 수분을 많이 포함한 바람이 생겨납니다. 이런 습기 찬 바람이 넓은 대륙으로 불어가면 도중에 높은 산을 만나 그곳에서 비가 되어버립니다. 그러므로 산을 넘고 넓은 대륙을 거쳐 온 바람에는 습기가 없어 더 이상 비를 내리지 못합니다. 그래서 사막은 주로 적도에서 멀지 않으면서도 대륙이 아주 넓은 곳에 있답니다. 이런 사막에는 수시로 강한 바람이 불며, 그때마다 바위만 남고 흙과 모래가 날려 멀리까지 모래 산이 이동하게 됩니다.

세계의 대륙에는 곳곳에 사막이 있으며, 전체 사막의 면적은 전 육지 면적의 30%를 차지합니다. 세계에서 가장 큰 아프리카 북부의 사하라사막은 바로 위에 있는 지중해보다 3배나 넓은 약 900만 제곱킬로미터나 됩니다. 그리고 그 다음으로 넓은 사막은 사우디아라비아와 요르단, 이란, 이락, 쿠웨이트, 카타르 등의 나라가 있는 중동의 아라비아 사막(230만 제곱킬로미터)입니다. 세 번째인 고비사막은 약 130만 제곱킬로미터를 차지합니다.

미국의 남부에도 멕시코와 연결된 광대한 사막이 있으며, 오스트레일리아 내륙에도 넓은 사막이 있습니다. 적도 가까이 있는 사막은 낮에는 섭씨 50도를 넘도록 덥다가 밤에는 0도 정도로 내려가 매우 춥기도 합니다. 사막은 공기가 건조하기 때문에 하늘에는 구름이 적어 밤에 하늘을 보면 별들이 유난히 밝게 잘 보입니다.

그런데 지구상에는 사하라사막보다 더 넓은 사막이 있습니다. 그곳은 바로 남극대륙(1400만 제곱킬로미터)이랍니다. 지질학적으로 볼 때 남극대륙에는 1년 동안 내리는 비(눈)의 양이 250밀리미터가 되지 못하므로 사막에 속합니다. 그래서 과학자들은 지구의 사막을 두 종류로 나눕니다. 사하라사막처럼 적도 가까운 곳의 뜨거운 사막은 '더운 사막'이고, 남극대륙과 그린란드는 '추운 사막'이지요.

사진 144. 바람에 날려 온 모래가 산과 같은 언덕을 이루고 있습니다.

질문 145.
열대지방의 사막에서는 왜 밤에 기온이 떨어지나요?

건조한 사막에도 때때로 비가 내립니다. 그러나 사막에 떨어진 빗방울은 뜨거운 모래와 태양열에 금방 증발해버립니다. 사막에서는 공기 중에 습기가 적기 때문에 기온이 40도를 넘어도 그늘에 들어가면 더위를 잘 느끼지 않습니다.

사막의 하늘에는 구름도 보기 어렵습니다. 구름은 낮 동안 햇빛에 뜨거워진 지열을 지켜주는 역할을 합니다. 그러므로 구름이 전혀 없으면 낮 시간에 뜨거워진 지열은 금방 하늘로 사라지고 기온이 영도에 이르도록 급강하합니다.

북극에 가까운 추운 사막에는 물이 많이 있습니다. 그러나 그 물은 모두 땅 표면 아래에서 얼어 있답니다. 태양 둘레를 도는 화성은 붉은 모래 바람이 부는 추운 사막에 속합니다. 화성에 있는 물도 지표면 아래에 영구적으로 얼어 있답니다. 금성도 낮 기온이 섭씨 500도까지 오르는 사막입니다. 달나라도 습기라고는 없는 사막입니다. 인류가 사는 우리 지구는 일부만 사막인 것이 다행하지요.

질문 146.
바다의 해일(쓰나미)은 왜 일어납니까?

2004년 12월 26일 인도양 해저에서 발생한 화산폭발은 인도양에 엄청난 파도(해일 또는 쓰나미)를 일으켜 한순간에 약 30만 명이 목숨을 잃게 했

습니다. 이때의 인도양 해일은 관측 기록상 최대의 사건이었으며, 인도양에 접하고 있는 인도네시아, 타이, 말레이시아, 인도, 스리랑카 등의 여러 나라에 피해를 주었습니다.

해저의 화산 폭발이나 지진 또는 지각의 흔들림에 의해 파도가 생겨난 것을 해일 또는 '쓰나미'라 합니다. 인도양의 해일은 해저에서 강력한 화산폭발이 일어날 때 바닷물이 위로 솟구치면서 거대한 파도를 일으킨 것입니다. 이렇게 생겨난 해일은 태풍이 불어 생기는 파도와는 성질이 전혀 다릅니다. 폭풍의 파도는 파장이 수십미터이지만, 해일의 파도는 파장이 수백킬로미터나 되며, 해일이 밀려가는 속도는 시속 800킬로미터에 이르기도 합니다. 그러므로 한바다 위로 해일이 지나갈 때는 배에서도 알지 못한답니다. 그리고 해일의 파도높이(파고)는 30미터를 넘기도 합니다.

해일은 예보가 거의 불가능하므로, 해일이 발생하면 근처 해변에서는 예기치 못한 피해를 입고 맙니다. 2004년의 인도양 쓰나미 사건 이후 해일을 예보할 수 있는 국제적인 시스템을 갖추는 노력을 시작했습니다. 해저 화산 폭발도 환태평양 화산대에서 대부분 발생합니다.

사진 146-1. 해일의 파도는 예고 없이 한순간에 해안으로 덮쳐옵니다. 해일은 파고가 30미터에 이르며 1시간에 최고 800킬로미터의 속도로 진행합니다.

사진 146-2. 인도양 해일은 해변에 살던 주민과 관광객을 일시에 30만 명이나 희생시켰습니다.

질문 147.
지진의 정도를 말하는 리히터 규모란 무엇인가요?

화산폭발, 태풍, 지진은 대표적인 자연재해입니다. 어딘가에서 지진이 발생하면, 지진의 규모가 리히터 규모로 얼마였다고 보도를 합니다. 지진이 발생한 진원지를 진앙(震央)이라 하며, 지진의 정도를 나타내는 방법에는 리히터 규모와 머캘리 규모 두 가지가 있습니다. 둘 중 리히터 규모가 많이 사용되고 있습니다.

지진관측소에서는 지진의 규모를 지진계가 흔들린 정도에 따라 '규모 5.2'라는 식으로 소수점까지 정밀하게 표현하지만, 일반적으로는 리히터 규모를 간단히 8단계(진도 1부터 진도 8까지)로 나누고 있습니다. 머캘리 규모는 1902년에 지질학자 귀세페 머캘리(1850~1914)가 제안 한 것을 1930년대에 다른 지질학자들이 약간 수정한 것이며, 12단계로 나누고 있습니다.

리히터 규모는 미국의 지질학자 찰스 W. 리히터(1900~1985)가 1935년에 제안한 것이며, 다음과 같은 지진의 정도를 말합니다.

진도 1. 지진계 바늘이 겨우 움직임

진도 2. 진앙 근처에서 지진이 약간 측정됨

진도 3. 실내에서 지진을 느낌

진도 4. 대부분의 사람이 지진을 느끼고, 피해도 약간 생김

진도 5. 모든 사람이 지진을 느꼈으며, 피해가 어느 정도 생김

진도 6. 상당히 파괴적인 경우

진도 7. 매우 피해가 큰 경우

진도 8. 최대의 피해가 발생함

세계적으로 지진이 자주 일어나는 나라는 미국의 캘리포니아와 알래스카, 칠레. 인도네시아, 이란, 포르투갈, 뉴질랜드, 그리스, 일본 등입니다. 우리나라는 지진지대로부터 떨어져 있어 큰 지진은 발생치 않고 있습니다.

질문 148.
화산은 왜 폭발합니까?

냄비에 물을 담아 끓이면 수증기가 나오면서 뚜껑을 들썩입니다. 이것은 내부의 강한 수증기압이 탈출하는 현상입니다. 포도주 병이나 맥주 캔을 따면 펑! 하고 가스(이산화탄소)와 함께 액체가 쏟아져 나옵니다. 화산은 지하에 고압으로 녹아 있는 마그마(바위가 액체상태로 녹은 것)가 갑자기 터져 나온 것입니다. 이때 화구에서는 마그마만 아니라 많은 양의 수증기와 이산화탄소 그 외 질소, 염소, 아르곤, 유황 등이 섞여 나옵니다.

대개 화산은 원뿔 모양으로 생겼으며, 그 정상에 지구 내부의 기체와 마그마가 뿜어 나오는 구멍(분화구)이 있습니다. 화산의 분화구는 지구의 굴뚝과 같은 역할을 합니다. 한동안 연기만 내던 화산이 때때로 가스와 함께 뜨겁게 녹은 붉은 마그마와 화산재를 뿜어내기도 합니다. 그럴 때는 비탈진 화산 경사면을 따라 용암이 흘러내립니다.

지구 내부는 두께가 수만 킬로미터나 되는 두터운 땅덩이와 바닷물의 압력을 무겁게 받고 있으며, 내부는 3,000~5,000도 정도로 뜨거워 모든 것이 액체 상태로 녹아 있습니다. 이것을 '마그마'라고 합니다. 지각에 틈이 생기거나, 지각이 얇은 곳이 있으면 그 사이로 고압의 마그마가 올라와 분출하게 됩니다. 이것이 화산 폭발이며, 이때 지상으로 흘러나온 마그마를 따로 '용암'(열에 녹은 바위)이라 합니다. 처음 솟아 나오는 용암의 온도는 섭씨 약 1,000도입니다. 과학자들은 지상에서 굳은 용암을 조사하면, 언제 분출된 것인지 그 연대를

사진 148. 알래스카의 오거스틴 화산이 연기를 뿜고 있습니다.

알아냅니다.

제주도의 한라산은 과거에는 화산이었으나 지금은 활동을 중지하고 있습니다. 이런 화산은 죽은 화산이라는 의미로 '사화산'이라 하지요. 반면에 계속 연기를 내고 있으면서 수시로 폭발하는 화산은 '활화산'이라 합니다. 지구상에는 현재 약 500개의 활화산이 있습니다. 화산활동은 지구만 아니라 화성에서도 일어나는데, 화성의 '올림퍼스 몬스' 화산은 에베레스트보다 3배나 높답니다.

질문 149.
화산재와 화산 연기의 성분은 무엇입니까?

화산 폭발이 크게 일어나면 가스와 함께 엄청난 양의 화산재가 뿜어 나와 인근 지역을 뒤덮으며, 일부는 하늘 높이 올라가 태양빛을 가리기도 하고, 심지어 남극이나 북극의 빙하 위까지 날아가기도 합니다. 화산재는 용암이 높은 열과 압력에 의해 모래알처럼(직경 2밀리미터 이하) 잘게 깨진 것입니다. 이런 화산재는 나무를 태운 재와는 달리, 표면이 매우 거칠고 단단합니다. 밀가루 같은 화산재는 고공으로 올라가 구름에 섞여 비와 함께 내립니다. 때때로 화산 경사면에 쌓인 화산재가 빗물에 흘러내려 사태를 일으키기도 합니다.

화산재가 포함된 구름에서는 전기가 잘 흘러 심하게 번개가 치기도 합니다. 화산재가 날리는 하늘로는 비행기도 위험하기 때문에 비행을 하지 않습니다. 화산에서 뿜어 나오는 연기에서 유황냄새가 나는 것은 그 속에 아황산가스가 많이 포함된 때문입니다. 아황산가스가 구름의 물을 만나면 황산이 됩니다. 그러므로 화산 연기가 포함된 구름은 강한 산성비를 내립니다.

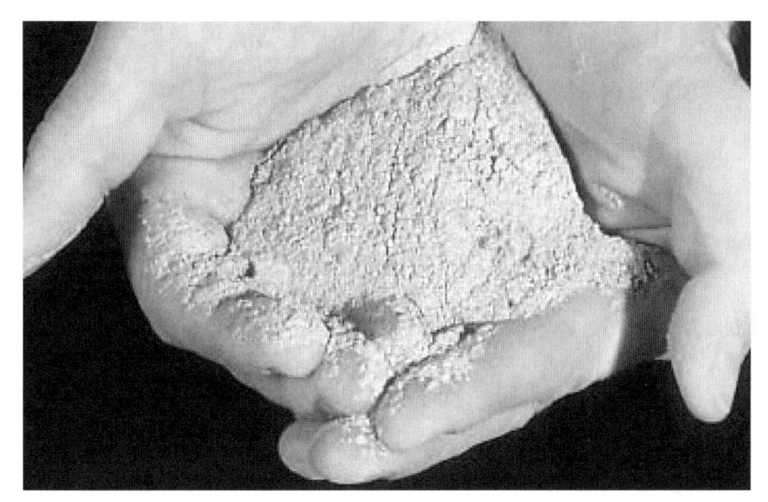

사진 149-1. 화산재는 직경이 2밀리미터 정도로 작으며, 그중에는 먼지 같은 것도 있습니다. 화산재는 단단하고 깨진 유리 입자처럼 거칠기도 합니다.

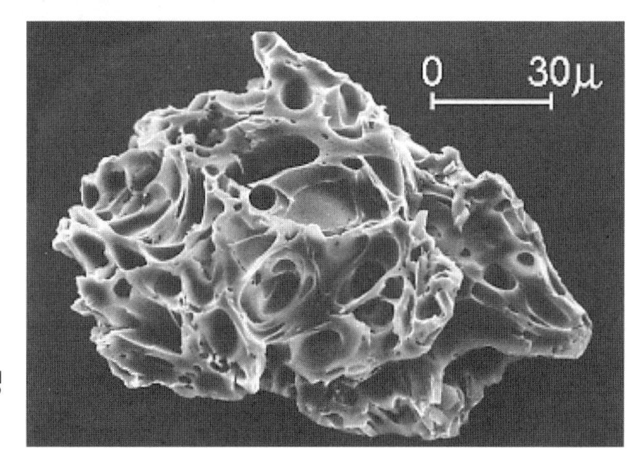

사진 149-2. 화산재를 전자현미경으로 보면 많은 구멍이 있습니다.

질문 150.
제트기류란 무엇이며 왜 생기나요?

제트기류는 눈에 보이지 않지만, 우리 머리 위 높은 하늘에서 지금도 불고 있는 마치 태풍처럼 강한 바람입니다. 제트기류는 지구가 생겨난 이후 늘 고공에서 불고 있는 바람이었지만, 인류가 그것이 존재한다는 것을 알게 된 것은 제2차 세계대전 때인 1940년대입니다.

제트기류가 있다는 것을 처음 알아낸 것은 고공을 날던 폭격기였습니다. 폭격기의 비행사들은 고공에서 폭탄을 투하하면 폭탄이 강풍에 날려 제자리에 떨어지지 않는다는 것을 알았습니다. 어떤 때는 비행기가 날고 있었지만 비행기 위치는 제자리에 멈추고 있었습니다. 과학자들은 이러한 현상이 고공에 불고 있는 강력한 바람 때문이라는 것을 알고, 거기에 '제트기류'라는 이름을 붙였습니다.

제트기류는 지상 9,000~1만 8,000미터 높이에서 불며, 그 풍속은 시속 96~242킬로미터인데, 어떤 때는 시속 500킬로미터에 이르기도 합니다. 제트기류는 적도를 중심으로 북반구와 남반구 하늘에 두 가닥이 좁다란 띠처럼 되어 서쪽에서 동쪽으로(지구가 자전하는 방향으로) 연달아 불고 있습니다. 북반구에 여름이 오면 인도, 동남아시아, 아프리카 일부를 지나는 제3의 제트기류가 발생하기도 합니다. 그럴 때는 지구 위에 3가닥의 제트기류가 동시에 흐르게 되지요. 비행기를 타고 서울에서 미국 쪽으로 갈 때는 올 때보다 비행시간이 적게 걸립니다. 이것은 흐르는 강물에 떠내려가는 배처럼 비행기가 제트기류 속을 날기 때문입니다.

제트기류가 발생하는 원인은, 적도 근처의 육지와 바다에서 태양열을 많이 받아 고온이 된 공기가 고공으로 올라가, 그곳에서 온도 차이가 크게 다른 찬 공기를 만나기 때문입니다. 따뜻하고 가벼운 공기가 무겁고 찬 공기를 만나면 심한 대류가 일어나 강한 바람이 됩니다.

제트기류는 지구상에 사는 인간을 포함하여 모든 생물에게 매우 중요한 역할을 합니다. 더운 공기와 찬 공기가 어우러져 전 지구 상공을 도는 사이에 지구의 기온을 고르게 섞어주기 때문입니다. 만일 제트기류가 없다면 남극이나 북극 쪽의 기온은 지금보다 더 춥고, 반대로 적도 지역은 더 더울 것입니다. 화성이나 목성의 대기 중에서도 강한 바람이 끊임없이 불고 있습니다. 이 바람 역시 제트기류입니다. 제트기류는 뜨거운 태양의 상공에서도 불고 있습니다.

제트기류가 흐르는 방향은 비행사들에게 아주 중요합니다. 제트기류를 타고 날면 훨씬 빨리 날기 때문에 연료를 절약할 수 있습니다. 만일 제트기류를 거슬러 비행한다면 비행시간이 훨씬 더 걸리므로, 제트기류가 불지 않는 항로를 따라 비행해야 하겠지요.

질문 151.
하늘의 구름은 왜 모양이 여러 가지입니까?

구름의 모양은 너무나 다양합니다. 성난 말이 달리는 모습으로 보이기도 하고, 천국으로 오르는 계단 같은 구름도 있으며, 너무 희미하여 구름이라고 구별하기 어려운 것도 있습니다. 구름은 그 모양이 순간순간 변합니다. 그래서 변덕이 심한 사람을 만나면, "구름처럼 잘 변한다."는 말도 합니다. 구름은 모양만 아니라 색도 경이롭게 변합니다.

너무나 다양한 구름의 모양을 유심히 관찰하던 영국의 아마추어 기상학자 루크 하우워드는 1803년에 구름 형태에 따라 체계적으로 이름을 붙였습니다. 오늘날의 기상학자들은 그가 구름 모양의 이름을 지은대로 사용하고 있습니다.

우리가 흔히 말하는 '뭉게구름'은 문학적으로 표현한 것이고, 기상학적 이름은 '적운(積雲)'입니다. 적운은 거대한 솜덩이가 높이 쌓인 것 같은 형태를 나타냅니다. 이런 적운은 습기를 가득 포함한 따뜻한 공기가 고공의 찬 공기를 만나 물방울이 많이 생기면서 만들어지지요.

대표적인 구름으로 층운(層雲)과 권운(卷雲)이 있습니다. 층운은 수평선과 나란히 층을 이루는 비교적 낮은 구름이고, 권운은 매우 높은 하늘에

새털처럼 생긴 엷은 구름입니다. 이들 구름의 모습은 서로 혼합된 형태를 만들기도 하므로, 모양에 따라 그 이름들은 다양합니다.

구름의 모양은 발생 지역, 바람, 기온, 지나가는 곳의 산이나 지형 등에 따라 달라집니다. 바람이 심한 날은 구름의 변화가 더욱 빠릅니다. 어떤 날은 마치 비행접시 같이 생긴 구름도 보입니다. 구름의 모양을 보고 그 이름을 정확히 말하려면 매우 전문적인 기상학 지식이 필요합니다. 여름철에 순간순간 변하는 구름을 보면서 어떤 모양인지 친구들과 서로 이야기해봅시다.

질문 152.
비를 가득 담은 구름은 왜 검게 보입니까?

여름철이면 수평선이나 지평선상에 매우 어두운 회색의 구름이 자주 보입니다. 이런 구름은 비를 가득 머금고 있어 소나기나 폭우를 쏟아놓기도 하므로 '소나기구름'이라 부르기도 합니다. 이런 소나기구름은 두께가 10킬로미터나 될 정도로 다른 구름에 비해 훨씬 두텁기 때문에 햇빛을 거의 통과시키지 못합니다. 또한 그런 구름 속에는 안개나 흰 구름보다 큰 물방울이 가득합니다. 큰 물방울은 빛을

사진 152. 비를 머금은 구름이 아침 햇살에 검게 보입니다.

더 잘 흡수하므로 우리 눈으로 오는 빛이 적어 검게 보입니다.

수증기를 가득 포함한 공기가 높은 하늘로 올라가면, 그곳은 기온이 낮으므로 눈에 보이지 않던 수증기는 공중의 먼지나 매연 입자를 중심으로 서로 응결하여 수백억 개의 작은 물방울을 만듭니다. 수증기가 물방울을 형성하는 온도를 기상학자들은 '이슬점'이라 하지요.

질문 153.
구름은 무거운 빗방울이 가득한데 왜 땅으로 내려오지 않고 공중에 떠있습니까?

지상은 태양열을 받아 공중보다 기온이 높으므로, 지상의 공기는 부피가 팽창하여 공중으로 올라갑니다. 이를 '상승기류'라고 합니다. 냄비 속의 뜨거운 수증기가 공중으로 빠르게 올라가듯이 상승기류는 공중으로 오르는 힘이 강하여 구름이 떠 있도록 합니다.

그러나 구름 속의 물방울이 점점 크고 무거워 내려오게 되면, 그 아래의 다른 물방울을 만나 더욱 큰 물방울이 되므로 더 이상 떠 있지 못하고 빗방울이 되어 땅으로 떨어집니다.

한편 많은 구름은 비를 내리지 않고 공중에서 연기처럼 사라지기도 합니다. 이처럼 구름이 없어지는 것은 태양빛을 받거나, 지상에서 올라오는 건조한 공기를 만나 구름의 물방울이 증발해버린 때문입니다.

질문 154.
구름에 전기가 생겨 번개가 치게 되는 이유는 무엇입니까?

전기라고 하면 일반 사람들은 발전소에서 집이나 공장으로 송전해오거나, 건전지에서 나오는 전기를 생각합니다. 구름에 전기가 생긴다는 것은 상상이 잘 되지 않습니다만, 전기는 구름에만 있는 것이 아니라 독자의 손에도 있고, 이 책의 종이에도 있습니다.

세상의 모든 물질은 원자로 구성되어 있습니다. 그 원자의 핵은 양전기를 가진 양성자와 음전기를 가진 전자, 그리고 중성의 성질을 가진 중성자를 가지고 있습니다. 실제로 수소만 중성자가 없을 뿐, 그 외 모든 물질의 핵은 양성자, 전자, 중성자로 이루어져 있답니다.

전기적으로 반대되는 성질을 가진 양성자와 전자는 서로 끌어당기고 있는데, 이런 힘을 '전자기력'이라 합니다. 전자는 마치 벌집 주변의 벌처럼 핵 주변을 빙빙 돌고 있으며, 양성자와 전자는 전기적으로 균형을 이루고 있습니다.

때때로 이러한 전기적인 상태에 균형이 깨어집니다. 겨울에 옷을 입거나, 문고리를 잡거나 할 때 전기가 튀어 충격을 받는 경험을 자주 하게 됩니다. 이것은 옷을 입고 벗을 때, 양탄자 위를 걸을 때, 빗으로 머리카락을 빗을 때, 마찰에 의해 전자의 일부가 떨어져 우리 몸으로 이동한 결과입니다. 전자가 우리 몸에 쌓이면 몸뚱이는 음전기를 띠게 됩니다. 이럴 때 전기가 잘 흐르는 금속을 만지면 그 순간 전자가 흘러(전류의 흐름) 충격을 느끼게 되며, 이로써 전기적으로 다시 균형을 이루게 됩니다.

구름과 지상의 물체 사이에 전기가 흐르는 것도 같은 현상입니다. 구름에는 물방울만 있는 것이 아니라 먼지라든가 바다의 염분도 있습니다. 이들이 공중으로 올라가는 동안 공기와 마찰하면서 전자를 잃게 됩니다. 그러면 일부 구름은 전자를 잃어 양전기를 갖게 되고, 일부 구름은 전자를 얻어 음전기를 갖습니다. 이때 무거운 물방울이 많은 구름 아래쪽은 음전기를 가지고, 가벼운 위쪽은 양전기를 띄게 된답니다.

사진 154. 번갯불이 빛나는 곳은 연필 굵기보다 가늘지만, 섭씨 2,800도에 이르는 열이 나기 때문에 밝게 보이고, 그 열에 의해 공기가 순간적으로 팽창하여 큰 소리를 냅니다.

아래쪽에 양전기를 가진 구름이 지상 가까이 오면, 구름의 양전기에 이끌려 지상에 음전기(전자)가 모이게 되지요. 어느 순간 지면의 전자는 구름으로 순식간에 끌려갑니다. 이때 번개가 칩니다. 마치 문고리와 손 끝 사이에 전기가 튀듯이 말입니다. 번개가 칠 때는 엄청난 양의 전기가 순간적으로 흐르는데, 그 속도는 1초에 약 16만 킬로미터이고, 지그재그로 밝게 빛나는 곳의 온도는 섭씨 약 2,800도에 이르기도 합니다.

질문 155.
태풍과 허리케인과 토네이도는 어떻게 서로 다릅니까?

질문한 세 가지 바람은 모두 강력한 힘을 가지고 있습니다. 이들의 공통점은 중심부가 저기압이며, 중심부 쪽으로 선회하며 바람이 분다는 것입니다. 또한 이 바람은 제자리에 있지 않고 빠른 속도로 이동합니다. 이들 바람의 차이점은 그 규모, 속도, 이동하는 정도, 사라지기까지의 시간 등입니다.

여름과 가을에 걸쳐 열대 태평양에서 발생하여 아시아대륙 북쪽으로 이동하는 저기압을 일반적으로 태풍이라 부릅니다. 태풍은 1시간에 16~97킬로미터의 속도로 불고, 200~900킬로미터의 직경을 가지며, 1시간에 약 40킬로미터의 속도로 이동하고, 소멸하기까지 수 주일이 걸립니다. 태풍은 바람만 아니라 엄청난 폭우를 쏟아내려 홍수를 일으킵니다. 바다에서는 태풍이 접근하면 강풍과 높은 파도의 피해가 심하므로 선박의 항해가 금지됩니다.

태풍이 불면 기상특보를 통해 시시각각 경보를 내립니다. 이때 태풍의 구름사진도 보여줍니다. 회전하는 태풍의 소용돌이는 북반구에서는 시계 반대방향으로 돌고, 그 중심부를 '태풍의 눈'이라 하지요. 기상 예보나 경보에서 말하는 소규모 태풍은 소용돌이의 직경이 200킬로미터 미만인 것이고, 중형 태풍은 200~300킬로미터, 대형은 300~600킬로미터이며, 초대형 태풍은 600~900킬로미터에 이릅니다(사진 162 참고).

한편 대서양에서 발생한 저기압은 허리케인이라 부릅니다. 일반적으로 허리케인은 시속 120~320킬로미터의 속도로 불고, 시속 16~32킬로미터로 이동하며, 직경이 약 1,000킬로미터에 이르며, 소멸하기가지 1주일 내외가 걸립니다.

사진 155. 미국 대륙에 부는 거대한 토네이도는 때때로 수많은 건물을 날려 보내는 큰 피해를 주기도 합니다.

거대한 회오리바람인 토네이도(용오름)는 태풍이나 허리케인과 달리, 풍속이 시속 400킬로미터(태풍의 약 4배)나 되며 1시간에 40~64킬로미터를 이동하면서 상상하기 어려운 위력으로 모든 것을 날려버립니다. 그러나 토네이도는 5~6시간 후 대개 조용히 사라집니다. 토네이도의 밑바닥 직경은 약 300~1500미터인데, 한번 불면 대개 15킬로미터 정도 불어가지만, 때로는 약 500킬로미터를 휩쓸기도 합니다.

미국의 중부 대륙에서는 토네이도가 자주 발생하지만, 우리나라 육상에서는 이런 바람이 거의 불지 않습니다. 그러나 가끔 동해에서 용오름이 관찰되었습니다. 바다의 용오름은 지상의 토네이도에 비해 강력하지 않습니다.

질문 156.
이슬이나 서리는 왜 주로 밤 동안에 생기나요?

이른 아침에 풀이 무성한 오솔길을 걸으면 풀잎에 맺힌 이슬 때문에 금방 신발과 바지가랑이가 젖어버립니다. 그러다가 햇살이 비치기 시작하면 이슬은 차츰 사라집니다. 이러한 아침이슬은 밤 동안에 생겨난 것입니다.

이슬이란 공기 중의 습도가 너무 높아 수증기 상태로 더 이상 머물 수 없을 때 생깁니다. 예를 들어, 공기 중의 습도가 100퍼센터(포화습도)이고, 그때의 기온이 섭씨 20도라고 합시다. 만일 기온이 20도보다 더 내려 19도, 18도, 17도로 차츰 떨어지면, 그때부터 이슬이 생기기 시작합니다. 즉 밤이 깊어져 자정이 가까운 시간이 되면 기온이 많이 내려가 그때부터 여분의 수증기는 서로 응결하여 작은 물방울인 이슬이 됩니다. 땅바닥에 떨어진 이슬은 우리가 잘 알지 못합니다. 그러나 공중의 풀잎에 떨어진 이슬은 마치 풀잎에서 솟아난 것처럼 보이지요.

사진 156. 밤 동안 기온이 영하로 내려가면 나뭇잎에는 수증기가 결합하여 서리의 결정을 만들게 됩니다.

이슬은 머리 위의 키 큰 나무의 잎보다 지면 가까운 풀잎에 더 많이 생겨납니다. 이것은 땅의 습기 때문에 지면 가까운 곳의 습도가 공중보다 더 높기 때문입니다.

만일 이슬이 맺는 밤의 온도

가 영하로 내려가면 수증기는 물방울이 되지 않고 직접 얼음이 됩니다. 이것이 서리입니다. 수증기(기체)가 응결하여 물이 되지 않고 바로 얼음(고체 상태)으로 되는 것을 '승화'(昇華)라고 말하는데, 반대로 고체인 얼음이 직접 기체인 수증기로 되는 것도 승화입니다.

유리컵에 얼음물을 담아두면, 컵 주면에 물방울이 맺힙니다. 이것 역시 이슬입니다.

질문 157.
햇무리나 달무리가 생기면 비나 눈이 내릴 징조인가요?

해나 달을 엷은 구름이 가리고 있을 때, 그 주변을 둥그렇게 둘러싸는 희미한 붉은빛과 노란색 빛으로 이루어진 빛의 테를 '무리'라고 합니다. 햇무리는 낮에 볼 수 있고, 달무리는 달이 밝을 때 잘 보입니다. 이런 무리가 생겼을 때 해나 달을 가리고 있는 구름은 권층운(솜털구름)인데, 그 구름은 매우 높은 하늘에 있으며, 얼음 입자(빙정)로 이루어져 있습니다. 햇무리가 생기는 이유는, 이 얼음 입자에서 빛이 굴절되거나 반사된 때문입니다.

사진 157. 햇무리나 달무리가 보이면 비가 내릴 가능성이 높습니다.

햇무리나 달무리가 나

타나면 저기압의 따뜻한 공기층이 가까이 오고 있음을 알려줍니다. 그래서 이런 무리가 보이면, 8시간이나 12시간 후에 비나 눈이 오는 경우가 많습니다. 일반적으로 3번 중에 2번은 눈비가 내리는 것으로 알려져 있습니다.

질문 158.
빗방울이 땅에 떨어지는 속도는 얼마나 되나요?

작은 빗방울이 떨어질 때는 우산을 받쳐 쓰고 가도 빗방울 소리가 잘 들리지 않습니다. 그러나 소나기가 쏟아지면서 큰 빗방울이 떨어지면 우두두둑! 하고 큰 소리로 빗방울이 우산을 두드립니다. 만일 바람이 거세게 불어온다면 빗방울 소리는 더 크게 들리지요.

하늘에서 떨어지는 빗방울의 속도는 빗방울 자체의 낙하 속도와 바람의 속도에 따라 다릅니다. 일반적으로 내리는 빗방울의 속도는 초속 약 3미터, 1분에 182미터 정도 속도로 땅에 떨어집니다.

사진 158. 빗방울이 떨어지는 속도는 초속 약 3미터입니다.

질문 159.
눈은 구름 속의 물방울이 얼어서 만들어지나요?

아니랍니다. 구름 속의 물방울이 얼어 떨어지는 것은 우박입니다. 눈은 구름을 이룬 수증기끼리 서로 얼어붙어 생긴 것입니다. 즉 눈은 기온이 영하인 구름 속에서 기체 상태인 수증기가 고체 상태인 눈으로 직접 변한 것입니다. 수증기 분자가 결합하여 눈이 될 때는 6각형을 이루게 됩니다. 일정한 각도를 가진 모양을 결정체라고 합니다. 그러니까 눈은 6각형 결정체라고 할 수 있습니다.

눈의 결정은 처음 생겨날 때는 아주 작지만, 지상에서 수증기가 계속 올라와 응결하여 큰 눈의 결정으로 자랍니다. 눈송이는 공중에 떠 있을 수 없을 정도로 무거워졌을 때 지상으로 천천히 내려오게 됩니다. 눈송이 하나는 수억 개의 물 분자가 결합한 것이며, 분자들이 결합할 때마다 상황이 다르므로, 어떤 눈송이도 같은 모양으로 만들어지지 못합니다.

눈의 결정 중심에는 작은 먼지 알갱이가 있습니다. 모든 눈은 지상에서 바람에 날려 올라가 떠도는 작은 먼지를 중심으로 하여 만들어집니다. 이 먼지를 '눈의 핵'이라고 하는데, 핵이 없으면 눈의 결정이 만들어지지 않습니다. 눈을 확대경이나 현미경으로 보면, 인간의 손으로는 절대 만들 수 없을 만큼 아름다운 6각형의 보석입니다.

구름에서 만들어진 눈의 크기는 작지만, 눈과 눈이 서로 붙어(때로는 200여개의 눈이 결합) 커다란 눈송이가 됩니다. 만일 눈이 내려오는 동안 공중의 기온이 따뜻하면 녹아서 물방울이 됩니다. 때때로 눈과 비가 함께 내리는 것은 그럴 경우이며, 우리는 그것을 '진눈개비'라고 말합니다. 지상에 내려온 눈은 시간이 지나면서 6각형 결정 모습이 차츰 뭉그러지고 맙니다. 그러므로 눈의 결정 구조를 잘 보려면, 하늘에서 떨어지는 눈송이를 검은 천에 받아 즉시 확대경으로 관찰해야 합니다.

질문 160.
눈이 10센티미터 정도 쌓인 것을 녹이면 어느 정도 양의 물이 되나요?

비가 내린 양은 강우량(降雨量)이라 하고, 눈이 쌓인 정도는 적설량(積雪量)이라 합니다. 눈은 기온이 낮으면 바싹 건조하면서 가루 같은 상태로 내리고, 기온이 높을 때는 젖은 눈이 오기도 합니다. 그러므로 쌓인 눈을 녹여보면 눈의 상태에 따라 물이 되는 양에 큰 차이가 납니다.

젖은 눈 10-12센티미터를 녹이면 약 2.5센티미터의 물이 되고, 마른 눈은 38센티미터를 녹여야 2.5센티미터의 물이 됩니다. 시골의 비닐하우스 위에 많은 눈이 쌓이면, 그 무게 때문에 주저앉게 됩니다. 이럴 때 젖은 눈이 높이 쌓이면 더욱 위험합니다.

사진 160. 금방 내린 눈을 12센티미터 녹이면 약 2.5센티미터의 물이 됩니다.

질문 161.
화성이나 토성 등의 다른 행성에도 지구처럼 눈이나 비가 내리나요?

다른 행성의 하늘에도 구름이 있고, 폭풍이 붑니다. 그러나 그곳의 구름은 물로 이루어져 있지 않고 다른 화합물이랍니다. 각 행성들은 각기 독특한 대기와 기후를 가졌습니다. 예를 들어 태양에서 가장 가까운 수성의 공중에는 대기층이 매우 얇아 측정하기조차 어렵습니다. 그러므로 이곳에서는 구름도 없고 비도 내리지 않습니다.

금성은 지구에서 그 표면을 드려다 볼 수 없을 정도로 짙은 구름이 덮고 있습니다. 금성의 하늘은 황산으로 가득하여 유독한 황산의 비가 내립니다. 이 황산의 비는 금성 표면의 온도가 너무 뜨겁기(한낮에는 섭씨 약 450도) 때문에 땅에 떨어지기도 전에 다시 증발해버립니다.

화성의 하늘에는 약간의 이산화탄소가 있습니다. 화성탐사선이 촬영한 사진을 보면 화성 표면에 물이 흘러간 듯한 자국이 있습니다. 그래서 과학자들은 수억 년 전에는 화성에 물의 비가 내렸을 것이라고 추측합니다.

목성은 화성과 환경이 또 다릅니다. 목성은 그 자체가 회전하는 거대한 가스의 덩어리입니다. 그 가스의 주성분은 수소와 헬륨입니다. 목성 표면을 두르고 있는 구름의 띠는 암모니아 얼음으로 된 것입니다. 토성의 환경은 목성과 비슷하고, 천왕성과 해왕성은 메탄의 구름이 덮여 있다고 생각합니다.

질문 162.
태풍의 이름은 어떻게 정하나요?

태풍의 피해를 입는 아시아의 14개 나라(태풍위원회 회원국)는 각 나라마다 10개의 자기나라 태풍 이름을 지었습니다. 우리나라는 개미, 나리, 장미, 수달, 노루, 제비, 너구리, 고니, 메기, 나비 이렇게 10개입니다. 지난 2007년 9월에 제주시에 큰 피해를 준 태풍 '나리'는 한국이 지은 이름이고, 2003년 남해안에 큰 피해를 준 태풍 '매미'는 북한에서 지은 것입니다. 북한이 작명한 다른 태풍의 이름들은 기러기, 도라지, 갈매기, 메아리, 소나무, 버들, 봉선화, 민들레, 날개입니다.

각 나라가 지은 태풍의 이름은 14개째마다 차례로 붙게 되고, 140개를 다 부르고 나면 다시 처음부터 부르기로 하고 있습니다. 이처럼 아시아의 여러 나라가 각국의 언어로 태풍에 이름을 붙이기로 한 것은, 태풍에 대한 모든 나라의 관심을 높이고, 태풍의 위력에 대해 경계심을 강화하기 위한 것입니다.

사진 162. 태풍이 시계 반대 방향으로 돌며 북상합니다. 태풍의 중심 눈 부분에는 바람도 구름도 없답니다.

질문 163.
기압이란 무엇이며, 고기압과 저기압은 왜 생깁니까?

우리 몸은 수십 킬로미터나 되는 두터운 공기층이 누르고 있지만, 사람들은 공기의 압력을 전혀 느끼지 못합니다. 그러나 땅 위에 사는 우리는 물속 10미터 깊이에서 받은 수압과 같은 정도의 공기 압력을 받고 있습니다. 기압이란 공기의 압력을 말합니다. 기상학자들은 1기압의 누르는 힘을 1013.25헥토파스칼(hPa)이라는 단위로 나타냅니다. 이 수치보다 공기압이 높으면 고기압이라 하고, 낮으면 저기압입니다.

저기압은 적도 가까운 바다에서 잘 발생합니다. 뜨거운 태양이 비치면 그곳의 공기는 팽창하여 공중으로 높이 오르는데, 이때 더운 공기는 가벼워지므로 주변보다 다소 기압이 낮은 공기층(저기압 상태)이 됩니다. 공기도 물처럼 높은 곳에서 낮은 데로 흐릅니다. 저기압이 발생하면 기압이 높은 곳의 공기가 저기압 자리로 이동해 갑니다. 반면에 추운 극지방 근처에서는 기온이 낮습니다. 그러므로 이런 곳은 공기의 부피가 수축하여 무거운 공기가 되므로 고기압 상태가 됩니다. 고기압 공기는 저기압 쪽으로 흘러가지요.

일기예보를 들으면, '시베리아에서 발달한 고기압'이라든가, '태평양에서 올라온 저기압'이라는 식의 해설을 듣게 됩니다. 수증기를 가득 담은 저기압 공기는 온도가 높습니다. 반면에 고기압 공기는 기온이 낮고 건조하지요. 겨울철에 하늘이 맑고 추우면 그날은 고기압입니다. 반면에 여름에 구름이 많거나 습도가 높거나 하면 저기압입니다. 이런 고온의 저기압 공기가 저온의 고기압 공기를 만나면, 수증기가 식어 물방울이 되면서 구름을 만들고 비를 내리게 하지요. 이때 저기압과 고기압의 기압 차이가 크고, 그 규모가 대형이면 소용돌이를 일으키며 태풍으로 발달합니다.

높은 산으로 올라가면 차츰 기압이 낮아집니다. 만일 해발 5,400미터 높이의 산에 오른다면, 그곳의 기압은 해수면의 절반에 불과합니다. 그러므로 이런 고공은 산소가 절반뿐이어서 당장 호흡에 지장이 와 어지럽고 숨이 가빠지는 고산병에 걸립니다.

사진 163. 고산에 오르면 기압이 낮으므로 산소의 양도 부족합니다.

질문 164.
지구의 대기 중에는 인간에게 필요한 산소의 양이 왜 5분의 1인가요?

지구를 에워싼 공기의 성분은 여러 가지입니다. 그 중에 약 78퍼센트는 질소이고, 산소는 21퍼센트이며, 나머지는 아르곤(0.934%), 이산화탄소(0.03%), 기타 헬륨, 네온, 크립톤, 크세논, 산화질소, 일산화탄소 등입니다. 공기 중에는 수증기도 상당량 포함되어 있답니다.

사람이나 동물이 살아가려면 호흡할 때 충분한 산소가 필요합니다. 아기가 너무 일찍 미숙아로 태어나면, 미숙아는 폐가 아직 잘 발달하지 않아 자칫하면 산소가 부족해집니다. 만일 산소가 충분히 공급되지 않으면

뇌세포가 손상될 위험이 있으므로, 병원에서는 인큐베이터에 아기를 뉘어 두고 보호합니다. 인큐베이터 속은 산소의 농도가 30~40퍼센트가 되도록 조절하고 있습니다. 만일 아기의 폐 상태가 아주 나쁘면 100퍼센트 산소를 한동안 채워주기도 하지요.

그렇지만 산소 농도를 너무 높게 하는 것은 위험하답니다. 만일 인큐베이터 속에 산소를 높게 공급한다면, 아기의 혈관 속에 산소가 다량 들어가 눈과 시각에 이상을 일으키게 됩니다. 그러므로 산소는 반드시 필요한 것이면서도 너무 많아도 곤란하지요.

산소는 화학반응을 잘 하는 기체입니다. 산소가 다른 성분과 화학반응을 하여 결합하는 것을 '산화반응'이라 합니다. 산소가 산화반응을 하면 열이 발생합니다. 산화반응은 일반적으로 아주 천천히 일어나기 때문에 열이 난다는 것을 알지 못합니다. 그러나 산화반응이 아주 빨리 일어나면 엄청난 열이 발생합니다. 나무나 기름이 탄다거나 폭탄이 터질 때 굉장한 열이 나는 것은 산화반응이 급속히 일어난 결과입니다. 성냥을 그으면 불이 붙습니다. 이때는 마찰에서 생긴 뜨거운 열이 산화반응을 빠르게 일으킨 것입니다.

우리 몸에서도 산화반응이 끊임없이 일어납니다. 음식은 소화기관에서 산소와 결합하여 에너지와 물이 되고, 이산화탄소를 생산합니다. 인간은 산소를 5분만 마시지 않아도 죽을 수 있습니다. 공기 중의 산소 양은 너무 많아도 곤란하며, 지금의 21퍼센트가 아주 적당하답니다. 만일 공기 속에 산소의 양이 더 많다면, 화재가 났을 때 너무 잘 타서 도저히 끌 수 없는 상황이 오기도 하고, 쇠붙이는 금방 녹슬기도 할 것입니다.

질문 165.
지구의 공기 중에는 왜 이산화탄소의 양이 아주 조금뿐입니까?

지구는 약 46억 년 전에 태양과 함께 탄생했습니다. 지구가 처음 생겨났을 때, 지구 주변에는 지구를 만들고 남은 바위와 같은 부스러기들이 한없이 떠돌고 있었습니다. 이들은 마치 비처럼 지구 표면에 떨어졌는데, 작은 것은 모래알만 하고, 큰 것은 산만했습니다. 초기에는 하루에 지구에 떨어지는 양이 약 6,000만 톤이었다고 생각합니다. 이들이 지상에 마구 떨어질 때는 구덩이가 패이면서 흙먼지가 일어 하늘이 늘 캄캄할 지경이었습니다.

그러나 수백만 년이 지나면서 떨어지는 바위(운석)의 양은 줄어들어갔습니다. 이러한 우주의 조각(운석)은 오늘날도 떨어지는데, 그 양은 하루에 약 150톤이며, 이들은 거의가 너무 작아 보이지 않을 뿐입니다.

과거에는 연기를 뿜으며 폭발하는 화산이 많았습니다. 지구가 태어난 초기의 공기는 대부분 수소였습니다. 그러나 화산에서는 이산화탄소와 수증기가 뿜어 나왔으므로 공기 중에는 이산화탄소의 양이 아주 많았습니다. 한편 수증기는 식어서 구름과 비가 되었습니다. 44억 년 전쯤에는 지구 표면이 온통 물로 뒤덮였습니다. 이때는 바닷물이 따뜻하여, 계속 증발하면서 끊임없이 비가 되어 내렸답니다.

사진 165. 식물이 탄소동화작용에 사용하는 이산화탄소의 양은 전체 공기 양의 0.03퍼센트에 불과합니다. 현재 공기 중에 21퍼센트를 차지한 산소는 매우 적당한 양입니다.

그로부터 2억년 정도 더 지나자

바다 여기저기 육지가 드러나면서 높은 산이 보였습니다. 그 산은 모두 화산 꼭대기였습니다. 당시에는 달도 지구와 가까이 있어 바다의 조수는 엄청난 높이로 오르내렸습니다. 그럴 때 바다에 큰 운석이 떨어지면 해일을 일으키며 거대한 파도가 일기도 했지요.

바닷물이 이렇게 출렁이자, 공기 중에 있던 이산화탄소는 바닷물에 녹아들어가 소량으로 줄어들었습니다. 30억 년 전쯤, 육지가 더욱 넓어지자 광합성을 하는 식물이 생겨나 지상에 번성하게 되었습니다. 그때부터 식물은 이산화탄소와 물을 흡수하여 산소를 대량 만들어내었고, 차츰 산소의 양은 21퍼센트까지 많아지게 되었습니다. 식물이 번성하여 온갖 동물이 사는데 충분한 산소를 제공할 수 있게 된 시기는 지금으로부터 약 7억 년 전이라고 과학자들은 생각합니다. 인류는 식물에게 감사해야 할 것입니다.

질문 166.
공기 중에는 왜 질소의 양이 많은가요?

공기 중에 포함된 질소의 양은 약 78퍼센트입니다. 공기 중에 질소가 이렇게 많다는 것은 참으로 다행한 일입니다. 산소가 많으면 심하게 산화반응이 일어날 것이고, 이산화탄소가 많으면 동물들이 호흡하며 살아가기에 불리할 것입니다. 질소는 화학반응을 잘 일으키지 않는 물질이어서 우리가 질소를 호흡해도, 질소는 인체에 아무런 영향을 주지 않고 그대로 배출됩니다.

생물의 몸을 이루는 단백질 성분 중에는 질소가 들어 있습니다. 어떤 생물도 몸에 단백질이 없는 것은 존재하지 않습니다. 식물은 질소 비료가 있어야 자랄 수 있습니다. 식물이 땅에서 흡수하는 질소 비료의 대부분은 흙 속에 사는 미생물이 공기 중의 질소를 흡수하여 만듭니다. 콩과식물의 뿌리에 사는 뿌리혹박테리아도 질소 비료를 만드는 미생물의 하나입니다.

동물과 식물이 죽어 부패하면 질소 성분은 다시 공중으로 돌아가 공기의 성분이 됩니다. 생물의 몸 일부가 되었다가 다시 공기 중으로 돌아가는 이 과정을 '질소의 순환'이라고 말합니다.

지구상에 가장 많은 원소를 차례로 들면 철(32.1%), 산소(30.1%), 규소(15.1%), 마그네슘(13.9%), 유황(2.9%), 니켈(1.8%), 칼슘(1.5%), 알루미늄(1.4%)이고 나머지 1.2퍼센트가 다른 여러 가지 원소입니다. 질소는 지구가 탄생할 때 다량 만들어진 기체의 한 가지인 암모니아(질소와 수소의 화합물)가 강한 자외선의 작용으로 분해되어 생겨났습니다.

찾아보기